二十年二十案
中国美术学院风景建筑设计研究总院有限公司理论探索与实践
1999—2019

陈 坚 主编

中国美术学院出版社
CHINA ACADEMY OF ART PRESS

主 编
陈 坚

副主编
陈永怡、刘 珂

编 委
（按姓氏笔画排序）

马少军、王 伟、申屠团兵、田 斌、李大伟、

刘丰华、孙明亮、孙科峰、朱剑修、朱朝阳、陈建游、陈继华、

辛俊伟、金永杰、金伟雄、金 捷、郑 捷、周 勇、

柳丽丽、胡 辉、梁 宇、章任翥、谢 天

执行团队
刘曲蕾、李 爽、周诗吟、莫 昕、海雯倩、邵 宁

中国美术学院
风景建筑设计研究总院有限公司
THE DESIGN INSTITUTE OF LANDSCAPE & ARCHITECTURE
CHINA ACADEMY OF ART CO., LTD.

责任编辑：徐新红
装帧设计：李　文
责任校对：杨轩飞
责任印制：张荣胜

图书在版编目（CIP）数据

二十年二十案：中国美术学院风景建筑设计研究总院有限公司理论探索与实践：1999-2019 / 陈坚主编. -- 杭州：中国美术学院出版社，2020.3

ISBN 978-7-5503-2190-8

Ⅰ.①二… Ⅱ.①陈… Ⅲ.①园林建筑-建筑设计-中国-图集 Ⅳ.①TU986.2-64

中国版本图书馆CIP数据核字(2020)第019718号

二十年二十案：
中国美术学院风景建筑设计研究总院有限公司理论探索与实践
1999—2019

陈　坚　主编

出 品 人	祝平凡
出版发行	中国美术学院出版社
地　　址	中国·杭州南山路218号　邮政编码 310002
网　　址	http://www.caapress.com
经　　销	全国新华书店
制　　版	浙江雅昌文化发展有限公司
印　　刷	上海雅昌艺术印刷有限公司
版　　次	2020年4月第1版
印　　次	2020年4月第1次印刷
印　　张	25
开　　本	889mm×1194mm　1/12
字　　数	350千
图　　数	340幅
印　　数	0001—3500
书　　号	ISBN 978-7-5503-2190-8
定　　价	298.00元

序

以问题为导向的设计管理和设计创新
——中国美术学院风景建筑设计研究总院有限公司廿年
（1999—2019）

文／陈 坚 中国美术学院风景建筑设计研究总院有限公司 院长
中国美术学院建筑艺术学院环境艺术设计系 教授

中国美术学院风景建筑设计研究总院有限公司（下面简称风景院）的前身是1984年由浙江美术学院（现中国美术学院）与浙江省建筑设计院联合创办的"浙江省环境及室内设计研究中心"。真正发展起步在1999年，迄今已走过20年发展之路。20年来，风景院始终秉持"依托学院，服务社会"的总体运作方针，以问题为导向，不断在管理、实践、服务等方面创新创优，成果斐然。

设计是一种通过深入分析现状，发现问题，解决问题的能力，此处的"问题"有可能是某种困难，也可能是一种尚未被满足的需求。因为"问题"的存在，设计才体现出它的目的性和创造性。而发现问题的能力，正是设计师创造力的独特体现。设计管理因之也可被视为"问题导向"的创造力管理。教育界有基于问题的学习（PBL）模式，强调学生通过自主发现问题，理解和分析问题，并找到解决办法的探究型教学模式。总结风景院20年的发展特点，我认为借用PBL的概念，以Problem-based Design（PBD），即"以问题为导向的设计"来概括，能较准确地提炼风景院多年来主动从问题出发，探究设计创新的努力。

以问题为导向的设计管理和设计创新，就是以设计产业、设计市场变动中产生的挑战和问题为中心，以迎接挑战、解决问题为宗旨，以解题思路和方法的创新为重点，以社会效益和经济效益双赢为目标。多年来，风景院探索出管理模式"创新机制"、专业融合"五位一体"、社会服务"民生优先"、教学实践"协同创新"等特点和模式，在国内设计院中独树一帜。

一、设计管理模式创新

管理模式的创新是风景院突破国内设计院旧有体制,实现弯道超车的首要原因。

风景院从起步伊始,就在夹缝中艰难生存,面临诸多困难。当时一些较大型的设计院,大多是事业编制,建筑专业人才梯队完备,储备充足,但风景院是以人文艺术为背景的小公司,只有乙级资质,如何吸引人才,留住人才,是最大的问题。要从管理机制的困境中突围,才有生存和发展的空间。

为此,风景院大胆尝试管理模式创新——以国有企业管理和品牌引领下的小型工作室加盟机制为特色,即公司管理层面负责搭建服务平台,具体项目运作则以设计小分队和工作室的模式展开。这一模式的优势在于为设计师松绑,让他们在相对宽松的管理方式中充分发挥各自的设计能量。而且风景院在人才的引进上不拘一格,又有灵活的经济奖励措施,迅速在设计市场上引起震动,当时相关部门还为此找我们谈话,认为我们改革的步伐太快,有扰乱市场的嫌疑。但回头考量,平台制目前已经是设计市场普遍采用的管理模式,这恰能印证我们扮演的正是设计机制和设计管理改革先行者的角色。在管理机制上的创新,让我们赢取了市场的先机。

近两年,随着公司规模的扩大,我们不断完善总院在设计服务板块上的功能,建立新的行政服务体系,提出管理与发展的十六字方针——"技术引领、创作优先、主体责任、分级管理",并持续得到贯彻落实。公司由原有的制约型管理向服务型管理蜕变,由行政管理模式向项目管理模式转变。管理构建原为:以设计能力、创作质量、工程技术的大幅提升来引领行政服务能力的提升;总院不仅做好项目服务,更为设计师专业提升和个人生活做好服务。风景院设有设计服务和质量监管中心,以项目为核心进行质量监管和技术服务,还有财务服务中心以及后勤中心,另有设计创作中心和事业发展中心,分别负责学术交流、创作指导、评优评奖、对外协作以及高级人才引进、资质完善、资信升级等事务。为设计师进行全方位的配套服务,让他们能够专注于项目本身的创作和开发。在"主体责任,分级管理"上,由总院院长与学校资产管理公司签定管理责任书,而各个分院长和总院签定管理责任书,形成总院(总院管理层)—分院、中心(分院、中心管理团队)的分级管理模式,突出主体意识,强化责任担当。

风景院还为设计师提供继续教育的机会,搭建个人成长的平台。尤其注重对刚踏出校门的设计师的职业培训和传帮带教育,帮助他们迅速进入实战角色。不定期的专业讲座、人文讲堂和游历考察以及丰富多彩的文娱活动,不仅加强了设计师之间的专业和情感联系,也活跃了风景院的学术气氛,塑造了风景院独特的企业文化。

目前,风景院已形成15个分院,一千八百余人的团队,拥有各类注册师122人,中级以上职称七百多人,每年承接一千二百多个项目。人才实力雄厚,而且拥有一批影响行业发展的知名设计师,构筑成行业中卓有声誉的设计铁军。

二、专业融合体系创新

多专业融合贯通是风景院优于国内其他设计企业的核心竞争力。

风景院脱胎于中国美术学院环境艺术系。环艺系建系时的教学方针提出以建筑艺术为母体,同时向"宏观"环境与"微观"环境中的设计艺术问题尽可能扩展设计教学领域,强调综合性与适应性。相应地,风景院当时即以建筑为母体,向室内、室外两个界面拓展,衍生为室内设计、风景园林、建筑设计等领域。

然而近年来，设计向两级拓展，一方面趋于分类化、精细化和专业化，另一方面又走向高度的综合和横向联系，专业之间的界限日渐模糊融合。这一发展趋势倒逼设计产业和人才需求向综合性与复合性转变。风景院迎接挑战，适时提出由"三位一体，链接设计"，升级为"五位一体，融合设计"，实现规划、建筑、景观、室内和公共艺术多专业的融合和产业延伸。构建多专业互动的工作模式，为社会提供升级服务。

在"五位一体"的专业融合下，具体整合为四个学科：

1.建筑与城市设计：以建筑设计的理论创新指导实践创新，站在创新最前沿，接受最前卫的美学思潮，应用严谨的工程技术手段，从目标项目中总结完善反省，进而提高建筑设计的水平，拓展建筑设计的类型。挖掘人文主义、地方主义、传统主义设计的理念，设计扎根当下的建筑。

2.风景园林与国土景观体系规划：以"两山"论断为理论核心，以文旅综合开发、风景名胜建设、城市有机更新、乡村建设及绿色产业为创新发展的主要目标以及开拓的方向和重点，提供从理念策划到设计施工的设计创意全产业链系统服务。

3.环境艺术：创立独树一帜的风格体系，以学术性为引领，以文化脉络为主髓，以艺术科技为外延，研创结合，致力产业优化，重作品，轻产品，改善与提升整体社会环境，引领环境艺术主导方向发展。

4.室内空间与公共艺术陈设：强调技艺融合，提出"1+N"的设计模式。"1"指规划策划，"N"指城市形象、建筑、景观、室内、照明及公共艺术等体系的整体性设计。用艺术提出问题，用技术解决问题，统筹全局，跨界整合。

2018年5月风景院正式成立院务委员会下属"EPC管理委员会"监管的EPC管理中心。EPC（工程总承包）项目是跟国际接轨，也是目前国家予以大力政策推广的工程总承包模式。风景院EPC管理中心分为综合经营部、设计管理部、施工管理部、采购与合同管理部、法务部、财务部、风险控制小组等七个部门。采取集中管理模式，各分院所有EPC项目先到EPC中心立项备案，由EPC风控小组分析项目是否可行，将项目可行性分析报告转交EPC管理委员会成员进行签字确认，再将意见反馈到各分院。EPC模式是当前势在必行的工程总承包模式，它对风景院人才和专业的融通提出了更高的要求。

风景院专业之间的融通，一方面通过院内所搭建的人文和艺术平台使设计师的知识结构不断得以优化和丰富，另一方面借助项目实施过程中的互相学习交流来实现。专业的融合打通了设计师之间的专业壁垒，贯通了上下游产业链，也大大提升了风景院的联合作战能力。风景院目前涵盖约三十个设计专业，这些专业既独立运作，又彼此融合。加上EPC工作逐渐展开，从设计的上游一直到产品最后交付使用，风景院都具备实施落地能力。比如一个酒店项目，从前期策划到设计图纸到最后一只茶杯的选配，都有能力做到最好。具有这样全面而精深的专业能力的设计机构，在全国可能仅有中国美术学院风景院一家。

专业的融合，要求人才培养同样要向两端延伸，一端向更加专业化和精细化延伸，一端向更加融合、跨界和复合化延伸，将培养高精尖的专家和培养综合能力很强的杂家相结合。尤其像EPC项目，需要贯通能力非常强的高端专业人才。同时，面对人工智能时代，设计也必须向精品化、信息化、工业模数化深入，设计师须敏锐把握最新的科技前沿信息，以更为开放的视野迎接知识和技能的迭代所带来的挑战。

三、社会服务理念创新

转变商业设计理念，充分发挥设计在改善民生、推动社会创新中的独特作用，是风景院企业品牌的价值所在。

为了商业目的，将经济利益放在首位，甚至无视社会效益，是国内设计公司普遍存在的弊病。风景院一直坚持"民生优先"原则，通过设计关注人的生存和发展问题，试图以自己的设计实践来改变行业生态，提升设计的社会价值，体现设计在服务人类生活、经济发展和社会进步中的巨大作用。

在新的时代，设计活动更与社会创新互相促进，社会创新既是设计活动的推动力，又是设计活动的目标。风景院与一般的设计企业不同在于，它是一座架在学院教学探索和社会实践应用之间的桥梁，一端指向专业教学和研究，一端指向成果的应用与转化。在以设计介入社会的过程中，风景院总是呈现主动的姿态，关切民生改良，关注社会进步。

如美丽乡村建设，风景院最早从2009年就响应中央"创新、协调、绿色、开放、共享"的新发展理念，在桐庐的深澳、荻浦、环溪、分水等地进行乡村整治。当下又回应乡村振兴战略，实践诸暨赵家镇皂溪古村村庄整治工程规划和设计、杭州龙坞茶村（上城埭村）整治景观工程改造、杭州市西湖区三墩镇美丽乡村创建国家4A级旅游景区建设方案设计等。在近十年的乡建探索中，风景院积累了丰厚的理论和实际经验，很多项目成为省市乃至全国的样板。特别是习总书记"两山"重要思想发源地余村村纪念会址整体风貌改造提升工程，更是得到国家领导人的高度赞扬。

风景院的很多项目回应国家治国理政的宏观策略，如中国刀剪剑博物馆、中国伞博物馆、杭州市拱宸桥桥西历史街区保护工程、杭州余杭塘栖水北历史保护实施工程御碑公园等项目，为推动国家大运河文化带的建设起到了先导作用。对有"瓯江蓬莱"美誉、有"中国诗之岛"之称的温州江心屿的改造提升工程设计，也与浙江省大花园建设的四大诗路之一"瓯江山水诗路"相契合。风景院目前大力参与的"未来社区"课题研究和试点工作，是浙江省政府2019年扎实推进大湾区建设的"标志性项目"之一。未来社区作为新型城市功能单元，以满足人民美好生活向往为根本目的，围绕社区全生活链服务需求，以人本化、生态化、数字化为价值导向，以未来邻里、教育、健康、创业、建筑、交通、能源、物业和治理等九大场景创新为引领，设计将在其中起到重要的社会结构重建和生活方式创新的作用。

还有一些政府重大项目，如南宋御街项目、2010年上海世博会项目中上海世博会主题馆、浙江馆、宁波滕头馆等场馆设计，2016年G20项目中杭州城市环境、道路、会场、酒店等设计，2017年金砖国家峰会项目、2018年上海进博会项目等，都跟国家形象打造密切相关，风景院每次都圆满完成政府的委托，为国家形象提升贡献了自己的力量。

同时，自2008年来，风景院一直坚持开展扶贫公益项目，项目所在地多在省内外偏远山区等贫困地区。项目包括旅游规划、村镇规划、乡村建设、中小学校幼儿园等近十个。如安徽六安金寨水坪村美丽乡村规划、四川乐山金口河区景观提升项目、贵州丹寨扬颂村苗寨文旅田园综合体规划项目、贵州毕节赫章县六个乡镇幼儿园设计项目等，真诚服务，专注投入，对当地经济、文化环境的大幅度提升贡献尤著。

廿年来，风景院屡获重要奖项。2009年至2018年的十年间，共荣获国际奖项1次，国家级奖项（如全国优秀工程勘察设计行业奖）21次，省级奖

项（如浙江省建设工程"钱江杯"奖）93次，市级奖项（如杭州市建设工程"西湖杯"）54次，其他奖项（如G20优秀奖）6次。

以永无止境的社会服务创新，满足人民日益增长的美好生活需求，做有强烈人文关怀，勇于承担社会使命的企业，是风景院坚定持守的信仰和目标。

四、教学反哺渠道创新

以实践经验反哺教学，产学研"协同创新"，是风景院持续成长的生命线。

改革开放以来，国内高等设计院校虽然蓬勃发展，但也始终存在人才培养与产业脱节的困境。教师的知识体系无法跟上飞速变化的设计发展，学生所学也不能马上用于实际工作。作为一个高校设计企业，风景院的根系牢牢地与中国美术学院的历史文脉相连，风景院的蓬勃发展离不开学校丰厚的学术滋养与领导的殷切关怀。如何将风景院在设计产业一线积累的丰富实战经验作用于学科建设和专业发展，真正做到产、学、研结合，是风景院反哺学校时着重思考的问题。

在多年的产、学、研探索上，我们已经将产业、学校、研究机构的功能与资源的优势梳理得清楚明晰，在促进它们的对接与融合上有相当强大的能力。我们认为产业、学校、研究机构等应该紧密配合，发挥各自特点，形成强大的研究、开发、生产一体化的先进系统，并在运行过程中体现出综合优势。风景院立足本院取得的既有业绩和专业特色方向优势，结合学院多元且高水准的艺术系科的师生资源，确立了文化性与艺术性的定位方向。在突出产、学、研融合特色的同时，强调文化性、学术性与公益性的形象建设。项目类型特色亦突出人文性、地方性，提供新时期社会发展所亟需的、基于文化传统溯源创新的产品和服务。

作为中国美术学院本、硕、博各层次学生理想的实习和就业平台，风景院吸纳了大量优秀的美院学子，凝聚了设计界最新鲜的血液和最活泼的新生力量。同时也为学院教师搭建了实践和创收平台，扩大了学院与社会融通的机遇，全方位接受市场检验，大幅度提高师生的实战水平。2011年中国美术学院授牌风景院为"中国美术学院青年就业创业见习基地"，正是对此的充分肯定。

风景院对学院的贡献还在于多年来在学院的基础设施和学院重点相关项目落地实施中发挥了不可或缺的作用，如美院南山校区、象山校区建设、白马湖国际会展中心、之江艺创小镇建设等。风景院在配合学院老师的设计过程中，为他们提供了规划、建筑、结构、风景园林、室内装饰、展示展陈、公用设备等专业的配合服务，为这些项目的实施落地做了扎实的工作。

更为重要的是，风景院的实践项目理论总结是反哺教学最为关键的内核。风景院于城市家具、公共艺术、美丽乡村、城市更新、未来社区等领域的创新探索，为推动新学科和新专业建设提供了鲜活的实践支撑；在设计管理模式、社会服务理念、设计项目运作实施等方面的实验，更引领了日新月异的设计学科的转型与创变。

20年风雨兼程，风景院一路高歌，砥砺前行，以问题为导向进行设计管理、实践和研究的创新；以问题为基点，在解决问题的过程中树立方向，凝练特色，创建品牌，扩大效益。未来风景院将继续守正创新，牢记使命，以中国美术学院"行健、居敬、会通、履远"的校训为精神旨归，以学院"双一流"和"重高建"建设为动力，以东方艺术学为学术支撑，以推动社会创新为己任，坚定地向更为高远的目标迈进！

目 录
Contents

1	序 / 以问题为导向的设计管理和设计创新
	——中国美术学院风景建筑设计研究总院有限公司廿年（1999—2019）/ 陈 坚
2	如画的风景与建筑：杭州灵隐景区法云古村改造设计
16	仁山智水涵性天：杭州西湖西进"三台梦迹景区"设计
28	人文的湿地，诗意的风景：杭州西溪国家湿地公园一期设计、
	二期规划与公园游赏区及艺术家村落设计
42	技术切入，艺术融入：隽维中心设计
58	创新设计助推乡村教育改革：富文乡中心小学改造
74	现代江南：海宁市图书馆新馆和查济民纪念馆设计
88	小空间、大教育：杭州市天长小学改建
100	对话风景：杭州英科隆生物技术研发中心设计
114	从"富春山水"到"富春山居"：杭州富春开元芳草地乡村酒店设计
128	感性建筑，理性思考：白马湖生态创意城动漫广场设计
142	有限自我循环的城市街区："贝达梦工场"建筑、景观设计
156	记忆的再造：上海民生现代美术馆设计
170	历史文化景观的再兴：襄阳习家池景区园林工程设计
184	光影化形："阿里巴巴总部"杭州软件生产基地一期室外环境设计工程
198	艺术创造参与城市营造："豫章十景"之一——江西南昌绳金塔商业特色街区提升改造设计
212	"消失"的建筑：尔庐·澄然居
228	摩登中式：玉玲珑餐厅设计
244	东方生活方式的唤起：西溪绿草地休闲空间设计
258	主题文脉阐释与空间设计：瑞盛国际俱乐部酒店室内空间设计
272	商业中的影院·影院中的商业：金象时代影城室内设计

郑 捷
Zheng Jie

中国美术学院风景建筑设计研究总院有限公司（景观）总建筑师
人文景观研究院院长
正高级工程师、国家一级注册建筑师
浙江省风景名胜区协会副会长
浙江省风景园林学会副理事长
浙江省环境艺术家协会常务理事
浙江省住房与建设厅科技委员会委员
中国风景园林学会规划设计分会理事

设计不仅表达审美趣味，更应该引领生活方式；设计不仅体现社会、经济和政治方面的价值，更应该突出文化的价值；设计的价值就是追求更大的超越性价值。

如画的风景与建筑：杭州灵隐景区法云古村改造设计

所在地址：杭州灵隐

建筑面积：140000 m²

设计时间：2010

——

杭州的法云古村，一个曾经深隐在北高峰与飞来峰之间的景区中的小山村，经历20世纪八十至九十年代的野蛮生长，让走近的游人面对的是满眼杂乱的农民小别墅和刺眼的违章搭建。通过2003年后颠覆性的更新改造，修复了遭到破坏的生态环境，重构了村落特有的人文生态，使之回归成喧闹的灵隐寺旁不起眼的、富于杭州山地民居特色的散淡的小山村，并凭借2010年初法云安缦酒店的开张而渐渐为人所知、为人所识，进而被人所品鉴。

从景中村改造而来的法云古村环境整治和法云安缦酒店环境改造的设计和建设，为如何在风景区建筑与环境景观的设计过程中，在把握风貌形态与功能利用的关系时，选择理想化的具有可操作性的实践路径，提供了宝贵的经验。

法云古村与周边包括灵隐寺、三天竺诸寺和韬光寺等在内的八座寺庙为邻且处于核心区位，它的地缘性决定了它在旅游旺季和佛事活动期间有着一时的喧闹，但它的自然环境条件又使它能够始终保持超然世外、顿达心性的自然环境品质和温润醇厚的人文环境格调；不论是山林水石的自然场景，还是蜿蜒石径中不时映现的僧人背影，在钟声清扬的映衬下，都折射着幽微的禅意。

法云古村历来就不乏文人隐士流连驻足乃至隐居其中，雅尚自然一直是隐逸文化得以昭示流布的一种重要形式，也是体现文人隐士建立人与自然和谐关系的内在需要，这个城市近郊而又林木葱郁、流水清响的山谷是不可多得的理想场所。法云古村作为综合传统村落和江南郊邑宗教山林两种理景类型的复合体，虽然传统村落是其主要的创作题材，但是基于村落自身的历史文化积淀、建筑组团散落的整体格局，和浸透了佛教文化的葱茏的山林对村

落的渗透，以及它所发挥的背景基调的作用，总体而言，法云古村整体的设计定位在文化层面更为倾向于灵隐寺旁的隐逸文化主题的山林理景。

与明清江南传统村落对隐逸文化的诠释所运用的素材和手法不同，法云古村对隐逸文化内涵的表述演绎，是与大环境的自然山石林泉和佛教文化紧密联系在一起的。而山石林泉作为场所空间和环境物质要素的基本特征，与传统文人园林早期的源始类型有着更为对应的契合，更符合志栖丘园、祖述魏晋的主题。早期自然山水理景的人文思想，和与之同根同源且发源已有近两千年的传统绘画艺术理论，对于法云古村在设计过程中把握和构建山村乡土环境景观创作的艺术理念、艺术原则和探索创作手法，以及考虑如何使之融入飞来峰和灵隐寺的郊邑宗教山林景观，都是一种很好的理论借鉴。

出世的僧人和隐遁的士人，面对同样的山水和同样的草木，获得相类似的精神体验和感悟，进而提升自身生命的境界和价值，这是法云古村隐性的文化价值，也是它的核心价值。就在这样一个被深厚的佛教山林文化气场所笼罩的小山村里，基于对地缘性特征、人文积淀、场地条件和它的历史使命的认识，使得设计师在改造景中村的设计落笔之前，多了一份用山林村舍状写岩壑隐逸的初心和追求——期待它能融入灵隐诸寺和飞来峰的文化叙事主题；同时期望能凭借建筑功能定位不确定的设计条件和机会，借鉴传统山水画创作的理论和方法，在整个村落设计中实践更多更理想化的状物、传神和表意的追求，以期对灵隐景区在物质和文化多个层面起到丰富和完善的作用，并呈现出更为理想的效果；在利用灵隐寺边这方有限的山水空间，对景区的旅游服务功能和文化内涵作出进一步的拓展的同时，不辜负这片苍翠山林的清逸品质。

法云古村通过对各种物象场景的提炼和组织，把握山林、水涧和山地建筑及寺院等诸多景物元素的综合运用，表达其特有的空间审美的情境，进而映射出山水中禅意文化的心境，这是设计的基本思路；借鉴山林泉石为重，建筑融入自然的画理，以山水画艺术原则作为设计的基本指导思想，也就形成了设计构思之初的重要立足点。

对于设计的具体入手，古人基于绘画理论的论述对设计师有更多的启发。宋代郭熙在他的山水画论《林泉高致》"山水训"一篇中提出"三远论"的观点，而往往被大家忽视的是，郭熙关注的重点不光是简单的空间层次和景物形态，他更关注与此相关的势态和神态。在他眼中，"三远"不只是一种手法形式，更重要的是通过手法的运用来把握、体现并突显整体神韵的追求。所以他说完"三远"的概念接下去又说："高远之色清明，深远之色重晦；平远之色有明有晦；高远之势突兀，深远之意重叠，平远之意冲融而缥缥缈缈。"再后来，历代一直都有人就意境与形态和势态的关系等问题多有探讨和阐述。法云古村的空间层次和形态以"深远"的类型为主，这体现在两山相夹的场地中水涧和古道的线性特征，以及水涧与古道聚散离合处，水涧空间于转折后林木阻隔与围合形成的景物层次与视廊形态；局部辅以"高远"的视廊处理，将灵隐寺大殿的屋宇、永福寺的院墙和飞来峰、北高峰的峰峦山林等结合场地条件纳入景观体验系统的组织。法云古村正是通

过一系列的空间深境的塑造，达成境深意藏的艺术效果，同时映射并引发对文化深境的丰富体验。

原有的景中村改造拆除了所有粗俗突兀的现代农居，总面积达4.5万m²，清理了破败杂乱的违章搭建后，场地中留下的两三座待修复的老民居与周围的山林水涧及上香古道之间的空间，依然呈现出一种自然的多变与浑融。清空的数方宅基地沿着上香古道前后错落、高低盘互，林木映带周匝。设计将组团状的山地民居和茶园依上香古道为主线置陈布势，沿路空间的开合收放、拥塞阔朗一如山水画中水墨的淡荡虚无与沉浸浓郁，这对于法云古村的"经营位置"、孕育生成发挥了重要的作用。从整体来看，蜿蜒起伏的上香古道将两边茂林下低伏远接、坡地上高昂拥迎的村舍如串串葡萄联系在一起，显

现脉络连贯、气韵深远的格局和章法。游人身临其境，空间的屈伸变换、穿插映带，既让人饱游饫看、应接不暇，却又一气呵成，而非堆砌成篇。

放眼北高峰与飞来峰之间的整个谷地，法云古村掩映在葱郁的山林中，与古树苍木间灵隐寺和永福寺森然耸立的殿宇不同，所有建筑单体体量适度宜人，而群体选址或临涧筑基，或凭树构堂，却都隐现在树荫之下并力求与山坞林泉浑融无间，同时将山林中散落的水石林岫之美贯联勾画出来，虽丰富变换却不失萧然清旷之趣味。

法云古村的建设完成了自然既为背景也是主体的景物环境体系的构建，建筑作为其中的要素，各单体形式与规格最大程度被削弱，以低调的姿态隐隐约约穿插于不同的山水构图中。法云古村建筑情景的体验由外而内，首先顺上香古道两侧村落沿路的场景来展开。游人向建筑渐行渐近的过程中，错落散置的建筑或布列路旁，或隐约于坡上和溪边，由山林石径上远处的点景渐渐成为眼前的主景。沿路的建筑界面始终长短不一，虚实相间，散淡而不破碎，保持村落整体连贯的主题和气韵；而在山坡纵深方向上，建筑的山尖和檐口前后错

落、展转隐显，使村落组团的势态与山林的层次起伏浑融一体。

谢灵运《山居赋》中有言"面南岭，建经台；倚北阜，筑讲堂；傍危峰，立禅室；临浚流，列僧房。对百年之高木，纳万代之芬芳；抱终古之泉源，美膏液之清长"。法云古村虽没有诸多建筑类型，而建筑布置与构筑的因势利导，却有效地利用了自然环境条件和景观资源，并运用"面""倚""傍""临""对""纳""抱""美"等手段形成丰富的建筑与自然和谐的处理关系，呈现出丰富多样的审美场景和美学意境。无论作为远处的点景还是近处的主景，建筑都与周匝的林木浑融一体，或笼罩在葱郁的林荫下，或围绕参天古树周遭布置。建筑作为人工特征最强的元素，在沿上香古道的线性体验中，呈现出人工融入自然的趣味和追求。

游人沿上香古道在体验纡回委曲、辗转幽奇的建筑与自然景物要素共同构建的场景空间的同时，在感受两侧林幽、园朗、水明、山浓等形质、光色的反差对比之外，局部的自然环境要素给人以更为丰富细致的审美感受。在此，村落内部的疏林淡影、茂树浓荫、林幽鸟歌、萍散鱼现、回溪曲沼、冲波浅濑、山花迷径、藤蔓池水、茶园空廓、碧苔芳晖等诸多情景化要素，通过有意识的组织，结合周边的池浅山浓、峰峦拥迎接远等大关系的处理，达成"林泉既奇，营制又美，曲尽山居之妙"的设计构思的呈现。这些情景化要素，因季节时辰的不同、晨昏晴雨的变幻而引人观春秋荣落，叹千秋寂寥，从而达成人与自然深层次的交流。

法云古村是一种多类型复合的郊邑山林理景，其深层次文化体验的受众，仍然以文化层次较高的社会精英阶层为主。与传统村落不同的是，从它的整体风貌和村落与周边环境的关系来看，迥异于传统的明清山地村落因生产生活带来的世俗烟火气息，也不同于一般的富于历史积淀的风景名胜那般的超然出世、不食人间烟火。而是通过对山石林泉"祖述魏晋"的主题性审美空间模式的构建，包括建筑布局结构与自然景观结构之间的和谐关系处理、建筑组团内部空间与整个外部空间的映接过渡等大关系的处理等，来营造村落整体融入周围山林水石大环境的人文风貌气质和空间场所特征。与此同时，从村落本身的布局结构和建筑形式来看，村落中山地民居组团简明地沿线性道路组织的格局，与随形就势、不拘一格的建筑布局形态，以及形似质朴粗疏的建筑造型和用材工艺等结合，在对物和形的表现及追求方面，使得整个环境风貌传达出更为"出离"的意味。它将最具人工性的建筑物的类型和形制通过降格的手法，并以刻意突出同时又不露痕迹地强调山林泉石等环境要素的自然性的方式，来达到引导受众"出离物欲，融入自然，顿达心性"的目的。

法云古村改造任务的意义在于，它并非是简单的风景区环境整治，更重要的是随着时代的变迁，其对古村落及其环境的历史文化价值转变的积极而有益的探索。

从20世纪八十至九十年代给人以一个从衰败走向建设无序乃至失控的杭州郊外山地村落的印象，到颠覆性再生再造的建设完成，法云古村完成了自然生态的修复和人文生态的重构，为后续整体文化价值的再生以及资源价值转化并实现积极的市场商业价值奠定了基础。不久之后随着安缦酒店的进驻，法云古村宛若数百年来自然生成的、彰显杭州山地民居风貌与造型特色的山地古村落的整体形象，随着在差异性文化对比下所产生的传统历史文化的商业价值的突显而为世人所瞩目，并使众多高端文化消费群体流连品味其中，进而呈现出生态效益、文化效益与经济效益多赢的独特价值。

在这个转变过程所发生的短暂的岁月里，昔日的"法云弄"、今日的"法云古村"或"安缦法云"所落脚的这片自然山林和建筑设施群体，始终扮演着被超越的角色。由这种超越引发的一系列追求超然世外的画意表象的变化，是以反映随着时代发展而产生的内在的价值观的调整和提升为前提的。在这一切变化的表象下所隐含的"深层结构"，是"追求回归自然、超越自我以及在此过程中所体现的追求人与自然的和谐关系"这样一个华夏文明跨越千古的人文主题；是因人与自然以及作为它们的象征或符号之间的互动，形成的不同时代的体现价值观的隐性结构与显性形态。正是以此为基础的一种文化叙事，才让法云古村在一片开合有致、明郁变幻的山林之间，错落起伏的台地上下，呈现了温润醇厚的建筑与风景以及清丽淡泊的山水整体意境；在新时代的社会生活中，在勾连折射出丰富多彩的历史信息与人文影像的同时，也必将沉淀下更为丰富的历史文化，焕发出更为明丽的自然与人文色彩。

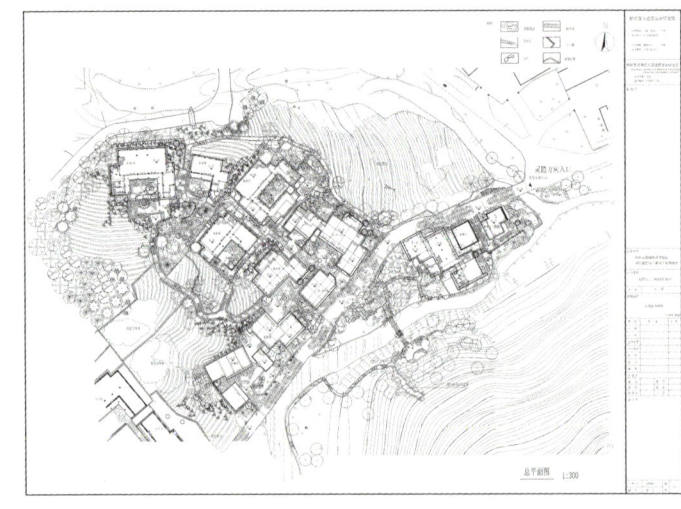

仁山智水涵性天：杭州西湖西进"三台梦迹景区"设计

所在地址：杭州西湖

建筑面积：90000 m²

设计时间：2003

自北魏郦道元的《水经注》第一次提到西湖的古称"明圣湖"以来的一千六百多年中，西湖几经湮没、兴治。结合《西湖形成变迁图》中的历史记载和地质资料分析，西湖原为泻湖，随着时间的推移，水域范围逐年缩减，注入湖泊水流所夹带的泥沙及营养物质沉淀，引起泥沙淤积，最终由湖泊变为沼泽和平陆。

往昔的湖西地区曾水草丰盈，是极有特色的江南滨湖湿地生态动植物物种群落繁衍地；湖西水系也曾经深至山麓，人们可泛舟入山问幽，是一方游赏的好去处。由于清代后期未加治理，淤泥淤积，加上百姓占湖为田，湿地逐渐变为农田，湖西地区的自然生态景观遭到了破坏。为优化生态环境、改善西湖水质，必须对湖西地区的水域进行疏浚，对周边环境进行治理。因而2002年杭州市委市政府提出西湖西进的策略，目标是恢复湖西水系和自然生态，挖掘并演绎历史人文资源，传承西湖自然与人文交相辉映又浑融一体的传统。此举完全是为还西湖以历史的本色，优化西湖的整体品质，从而提升杭州整个城市的形象和品牌。

三台梦迹景区位于西湖西进规划景区六个组团之一——三台山组团中，相当于原规划的三台泽韵、法巷探春、花山霞鹃三景点环绕的中部空档地区，东侧隔西湖西进拓展之里湖水巷与花港饭店相望，南至规划中的黄公望故居纪念建筑之北的小路，西至三台山路、北至八盘岭路，总面积约9公顷。

景区的游赏主题是瞻仰先贤、隐逸赏景和回归自然，以幽趣、野趣、闲趣、逸趣为环境景观特点，创造出可游宜憩，能提供基本服务条件的杭州山地民居式人文与自然融为一体的水岸山林环境。

整个景区的总体设计最大限度利用基地原有资源优势，保留原有高大林木，结合场地空间形态的整体结构来组织不同主题的景观单元并形成空间特色。沿西湖西进新开拓的里湖可分为南、中、北三大区片，分别为南部以安隐堂建筑群为主导的区片，是以山地民居组团及其小环境为体验特色的功能区片；中部山林探幽区，以自然山林、低丘缓坡为特色，是滨水生态游赏、踏春观景的体验区域；而北部天香法雨、灵泉仙馆区片，主要是结合台地林中的茶餐休闲设施的功能区。

出于整体景观效果的结构性考虑，南北向沿水岸的景物变化，总体以自然为主，但从南至北亦有变化。北部体现民居风格的设施在自然山野基调中，依地势和山林条件而呈现错落变化的形态和逸趣。最北一段从景区北侧桥边景区次入口下行至沿水岸的步道，以南川柳疏密有致地断岸，水岸边柳树脚下自然的湿生草本和灌木生境，配合步道另一侧低矮的山阴石坎墙上疏落的灌丛以及坎墙以上的疏林坡地，形成山野主题景区中的乡土趣味。同时沿整个东侧水岸零星点缀建筑和码头，岸线为舒缓的漫坡，与水面进退相生而自然融合；南部接近安隐堂处以山泉引流形成的溪涧襟带潆洄于安隐堂数间民居建筑设施的南侧，结合原来场地上保留下来的大乔木适当补植充实，运用上下多层次复合的植物配置手法，形成葱茏阴郁的宅前屋后不同的空间小环境以及溪涧深远的空间。溪涧局部放大成一池塘，溪岸配合先贤祠前的牌坊的效果，做法端正规整、乡土人工味略浓，以显示安隐堂整体山村主题的人文气息。

南部安隐堂建筑群，风格独具浙江山地民居的特点，整体布局以先贤堂为中心，梅花书屋、青莲山房等建筑穿插于原有保留的高大郁葱的林木之间，因高低错落的地势而建，分布于蜿蜒小径的两侧。南面更有一股山泉自西向东而下，中途在先贤堂前聚于一池，再潺潺流入东面的湖西水系之中，整体重现江南水乡山地民居的生活风情。宗祠类建筑先贤堂背靠珠儿山坐北朝南，且远有中台山作为背景，背山面水，取"东院群贤笔气在，西园我辈共真传"的意境。先贤堂在传统祠堂格局上作了变化，使之更具开放性与实用性；结合后侧之清晖园，充分利用自然环境，以绿化和小品点缀其中，提供一个自然休闲并可追忆历史的空间和氛围。

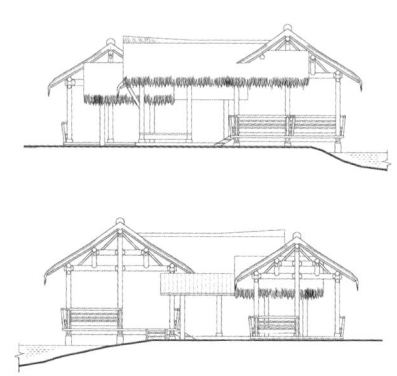

中部山林探幽区，西湖于此呈带状联系西南方位的山水汇入大湖面，四周山林回环，一水分披两岸，滨水缓坡豁朗，一片山野滨水的清幽闲逸风光。驻足水岸边的木栈道上，环视四周山林环抱，对岸浓荫陡坡，近岸则疏林缓坡。整个疏林缓坡区地势西高东低，场地周遭溪流、沼泽、湿地、陂陀、山林穿插环绕，一片海棠林披拂在中间开敞的草坡上。周围的深翠浓荫与近岸旷朗的疏林缓坡虚实相映，沿东侧透迤的带状水路与南北两端外围湖西的山林构成深远不尽的空间意趣。沿珠儿山北侧自西向东散置了问樵处、倚岚阁、雪舫等建筑，且有各式体态轻盈的草亭点缀其间，或靠山或临水，探幽野逸之趣淡然而生。其中问樵处坐落于西面高处，建筑风格依杭州山地民居的形式，造型自由、朴素实用。而东南方位倚岚阁隐映于珠儿山山脚下的山林中，置草、瓦重檐歇山式建筑，东北向可望山林环绕而成的湖岸的旷朗清丽，是供游客自山林中体验湖光山色而设置的造型别致的游赏设施。登临楼阁之上，可尽览眼前新辟的旷奥兼备、生机勃勃的山野滨水的清幽风光。临里湖涉水布置雪舫，以草顶的小组团建筑架于水上，环植芦苇、菖蒲、水蜡烛等，取意于俞樾述及湖西景色时说的"薛舫"，改一字得名，取"平沙落雁在此处，芦花渔舟两相安"的意趣。另外中部珠儿山上原规划三台阁以作为全园的景观控制点，登阁可俯观"三台梦迹"全景，取"绿林中的玉宇，天地人的融合"之意境，后因其他原因被调整而未建。

北部区块利用起伏的地形分台地布置建筑，主要由天香法雨茶社（解香楼、至味轩、三咽阁、淡然小筑）、灵泉仙馆以及数座手法不一的凉亭组成。建筑设计充分考虑景观游赏和现代使用功能的需求，主体建筑内部为钢筋混凝土结构形式，外立面仿传统木构民居效果。建筑层高1-2层为主，局部三层，形式上通过山阴石山墙结合丰富的分层披檐和腰檐处理。通过正立面木墙板和山墙面块石垒墙等乡土元素的运用，既充分反映了杭州山地民居的鲜明特点，也使建筑和谐地融入湖西山水之中。

北部区块地势西高东低，场地理水顺势而行，利用原有山泉资源，设置水泵抽取湖水于西北角形成一股水源，源头藏于天香法雨茶社最西面林下小亭一侧，水流过天香桥下聚于一水池，天香法雨茶社建筑群围绕水池或临水或成一向心环境，各台地自然石矮墙层叠砌筑，屋宇顺势起伏，展示了山地村居的环境特色，有"天然无争法式外，香风只待春雨临"之意境。水流过思贤亭一分为二，其一沿灵泉仙馆南侧经跌瀑过舒云亭出芦龙桥汇入湖西水系，另一向中部林缘的山林湿地蜿蜒而去，最后于雪舫南侧香蒲丛中隐没入湖。而灵泉仙馆建筑位于景区东北，取"水不在深，有泉则灵"之意境，建筑合院式布局，开口朝向东南水景，可观赏中部山林探幽区的风光，远眺西湖西南角的九曜山。

景区内各单体建筑之间的联系通道运用了石桥、木栈道、青石板路等不同材质和形式的变化，设计采取架空或紧临水系或迂回于植被群落之间的手法，局部结合仿干砌效果的山阴石矮墙来分隔空间和引导视线，强调整个动态游览过程的高低起伏，曲径通幽，顾盼生景，达到移步换景的效果。

整个景区的绿化配置也因各区域功能定位、建筑主题风格、建筑群体布局和空间组织的差异各有不同的变化和侧重。以选用杭州本地的乡土树种为基本原则，南面区块凸显人文气息以及山村人家的情趣，主要种植枫香、榔榆、梅花、枇杷、竹、蔷薇、黄馨、兰等不同的乔木灌木形成主题风貌；中间区块则侧重展现湖西历史上典型山林水岸的自然地貌和滨水湿地生态景观，选用水杉、枫杨、腊梅、棣棠、鸢尾、千曲菜、菖蒲等丰富而具特色的湿生和水生植物加以配置和组织；而景区的北面地势高抬区块则因保留利用原有山林植被，更多地侧重于原有大树和成形灌木丛的保护，适当补植泡桐、深山含笑、合欢、南天竹、月季、麦冬等植物，以丰富林相的变化，增强主题性和观赏性。

西湖三台梦迹景区完工后，曾获杭州市"西湖杯"优质工程、浙江省"钱江杯"三等奖、中国风景园林学会"优秀园林古建筑工程"金奖等奖项。它以人文内涵为神、自然生态为形的理念和构思，以良好的自然生态背景和历史文化资源条件为基础并加以整合利用，艺术性地运用不同的空间架构、要素组织等手法，创造性地利用新材料、新工艺，探求对三台文化积淀的演绎，修复湖西山林湿地生态，重现湖西水系及山村人居环境景观，成功塑造了西湖西岸山林朴野环境风貌基调下人文山水审美的意境，突显了湖西山林主题的风貌特色，进一步丰富了西湖景区富于人文内涵的自然山水景观的空间形态与风貌气质类型。

人文的湿地，诗意的风景：
杭州西溪国家湿地公园一期设计、
二期规划与公园游赏区及艺术家村落设计

所在地址：杭州西溪

建筑面积：90000 m²

设计时间：2003

—

西溪湿地自古就是杭州城西的一幅优美的水乡画卷，以"野趣、清幽、闲逸"的意境和"一曲溪流一曲烟"的典型江南水乡风光而著称，历史上与西湖、西泠并称"杭州三西"。这里水网交错、河渚重叠、芦苇茂密、水鸟栖息，千百年来吸引了无数文人雅士来此游历唱和、栖居修行、农耕祭祀，俨然一幅幅诗意化的湿地栖居风景……它的自然生态环境和形态丰富、层次无尽的空间造就了都市人群梦寐以求的审美意境，承载着人们价值回归和精神慰藉的理想条件，它是一个泽国版本的新世外桃源。西溪之美绝非一日，它曾引得白居易、苏东坡诗性大发，更使南宋皇帝赵构恋恋不舍，下诏"西溪且留下"；不仅让张岱因西溪未能成行而懊悔连连，还吸引了康熙、乾隆的先后眷顾。西溪历来就是一个赏景、修行、栖居、耕读、唱和、祭祀的好去处，历代的庵堂、别业、藏书楼、农家聚落给自然的时空注入了丰富优美的人文情感，它既是一个次生的农耕湿地，也是一个历史悠远的人文湿地。

近现代西溪的自然生态和人文环境遭到了严重的人为破坏，为了保护其生态环境并彰显历史人文底蕴，2003年杭州市委、市政府正式启动了西溪湿地综合保护工程，建设初期的规划总面积10.08km^2。2004年开始一期工程设计工作，通过一年多的努力，郑捷及其设计团队完成了秋雪庵、西溪草堂、梅竹山庄、烟水渔庄、百家溇、深潭口等十大景点，总计近40公顷用地的建筑及其配套环境景观的设计工作和施工现场服务。随后2006年团队赢得二期工程4.89km^{2}的修建性详细规划、二期设计技术总体牵头和二期中3.5km^{2}范围设计的任务委托。通过一、二期总体基调的规划控制和重点、亮点的深化设计，充分体现了以保护自然生态作为西溪湿地规划设计的立足点、传承人文内涵和积极利用作为湿地建设更高的价值取向的基本理念。

西溪国家湿地公园从生态系统的保护和培育、生态科普科教条件与设施建设，以及围绕历史文化与民俗风情主题体验的景观演绎等不同角度的综合目标追求出发，在最大限度整体地保护原生的鱼鳞塘的基础上，从整合自然生态与人文生态两个层面的大系统入手展开湿地改造的规划与设计，在保护并修复生态、恢复自然生态之美的同时，构建人文景观游赏系统。以"梵、隐、俗、闲"为人文主题主要分类，将传统的隐逸文化结合各种环境条件的物理空间形态，表达在优美的自然生态的大背景中，西溪湿地"野逸""清幽""闲适"的独特生态与诗意的人文主题风貌，体现人与自然和谐共生的理想生活，并将古人的审美情趣、精神追求、生活理想传达给今人。

从设计工作的具体内容和空间关系来看，一期的设计任务着重在于十大景点及其相关的小环境设计，十大景点选址布局较为分散，设计相关的小环境相对有限；二期首先是整体的修建性详细规划，还包括绝大部分对游客开放游赏的区域环境和设施的相关设计，设计范围完整而空间连续，每个景群和景点的空间利用条件相对灵活宽裕。

西溪国家湿地公园环境景观的人文主题离不开渔隐耕读。文化品类涉及士大夫文化、佛教文化、乡土文化等多个领域。而其景观意境却都围绕"野逸""清幽""闲适"六字来展开，文化表意的重心落实在"隐逸"上。隐逸文化作为西溪湿地历史文化主题的隐形线索，与诗意栖居期间的古人的人生境遇密切相关，更是离不开西溪得天独厚的生态环境和景观风貌。

综合来看，西溪国家湿地公园的规划和设计工作注重通过景观风貌的整体把握和不同景点的深入刻画，将西溪湿地的深厚人文底蕴、独特诗意的风景再现给世人。同时系统地完成了以下几个方面的工作任务：

1. 生态环境的修复培育：在西溪鱼鳞塘湿地肌理和桑基、竹基、柿基、鱼塘的保护基础上，通过水环境、植被环境和其他生态多样性建设措施，恢复湿地的形态和功能，体现西溪湿地特有的生态环境特征和价值，发挥城市绿肺的生态功能。

2. 湿地景观的主题营建：利用湿地自然环境特色条件，注重对当地乡土材料的应用，分析人文背景、内涵所具有的特征并加以恰当的艺术处理，探索传统山水画中的风景建筑和诗意景观在湿地环境中的演绎，将传统的隐逸文化通过"梵、隐、俗、闲"四大主题性文化景观表达在美好的湿地自然生态中。

3. 传统民居的现代演绎：西溪新建的传统民居风格建筑，采用主体框架结构结合外立面木构装饰的形式，满足现代功能的使用要求并与西溪整体的环境风貌相协调。民居建筑强调室内外视线的开敞通透，运用进口现代技术，设置折叠玻璃门窗、玻璃移门，以期达到让室内环境既能满足空调封闭的要求，又能保证内外视线通透的效果。

4. 历史建筑的保护更新：遵循有机更新的理念，运用保护修复、改造更新等多种方式，真实地展现能代表西溪不同历史时期特色的各类建筑和桥梁，并探索符合西溪未来发展趋势所需要的风景建筑形式，形成满足现代公园游赏配套服务功能的、具有西溪当地特色的建筑和桥梁的露天博物馆。

西溪国家湿地公园局部的景点设计除了服从总体的规划布局、要素系统的组织构架和各景点对于人文内涵的定位与演绎刻画，更强调通过"意境生成""建筑选址布局""景域组织""建筑造型""环境表达"五个方面来衔接和深化总体与局部的关系。

1. 景点意境生成

意境的生成基于生境和画境的概括和提炼，各景点的意境立足西溪湿地环境"野逸""清幽""闲适"的气质基调，因主题的不同而各有特色。

百家溇建筑虽多，依托深翠浓阴却是别有一番深静幽彻；烟水渔庄的建筑布局临水傍岸、疏密有致，周边渔塘密布、柿柳层叠、芦荻摇曳、萍落鸟迹，早晚时分空濛漂渺，景致迷人；深潭口水曲潭深，四周断岸，层林宿鸟，髡柳半欹，河道深远而环境清远静朗是其基本特征。

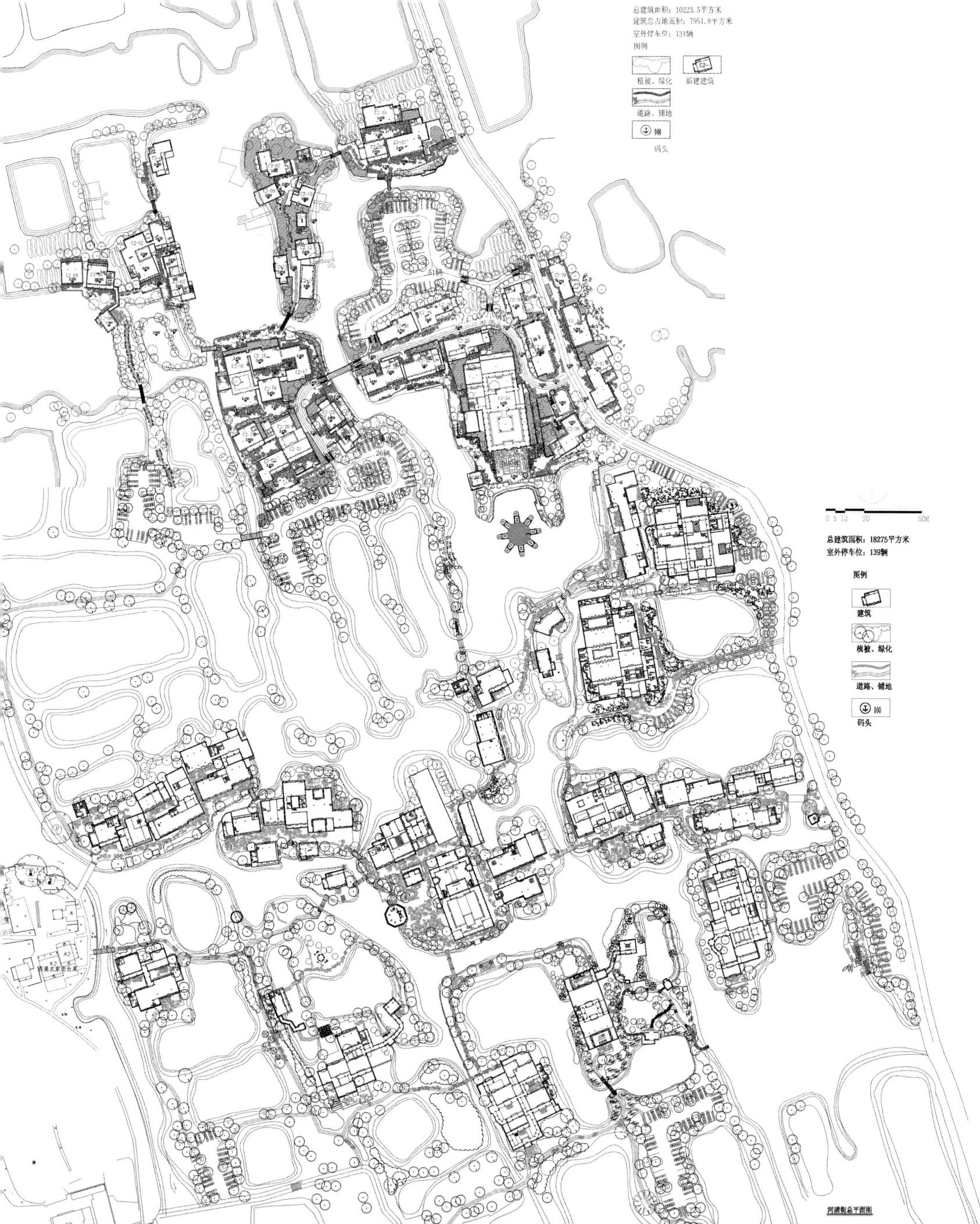

河渚街以生活型湿地村落为主题定位，顺港汊辗转迂曲，结合场地条件腾挪变化，以民居建筑拥挟而成的街巷界面，依环境景物和建筑用地条件断续开合，变化生动，沿街缓行，石桥高低，码头断岸，溪溇穿插，水巷深远，屋檐鳞次栉比而街市气势连贯；蒋村集市以生产型湿地村落为主题定位，建筑于平畈阔渚宽敞处聚则成市集，拥簇疏落，与大环境的生态景观于交融中见层分缕析；于港溇堤塘密集处散则成仓埠，零散错落，与大环境的生态景观于浑融中著人意隐迹。这些都是西溪湿地不同类型水乡村落主要的也是特有的氛围和气质。

梅竹山庄布局风貌清旷萧疏、空间旷奥有致，与主人能书善画、高尚其志的身份十分贴切；西溪草堂的主人博通经史，尤好佛学，清幽雅洁的环境很好地体现了主人的雅好和追求；泊庵景名缘自耕读之家的立地环境"似仙岛泊于蘋水之上"的史料记录，主人的志趣表现在环境上可概括为平淡天真、洁静逸朴；西溪水阁的主题是表现西溪历史上的藏书家和藏书楼的历史，让人回味的是遥远的书香，萧散简静、疏朗雅致是其周边景致的主题意境；洪钟别业表达一个世族在西溪湿地中繁衍生息的历史，折射出一个家族的兴盛与社会发展的关系。洪钟别业的范围较大，环境特征在于：曲池层叠，岛渚苍竹；绿萝书院，槿篱茅屋；阡陌交通，渠畎相属；披林听鸟，临池观鱼。在空间塑造上总体外旷内奥，在宅园的气质氛围上追求疏朗简静、天然雅致；高庄反映清代官宦雅好山水的情趣，内部宅园收放自如、空间变化有序，与外部池塘密布、堤埂交错的野趣景物浑然一体，总体空间环境呈开放式特征，景物要素多样，场景虚实相生，敞朗幽雅兼备。

西溪梅墅则表现士大夫小隐于林泽、不露痕迹的隐逸文化，群梅覆坡，视线高远，以浑朴野致为意境追求；秋雪庵是西溪的胜景，以秋季明月当空，俯瞰芦花如雪为其特色，千亩芦雪、万亩秋水、苍山红叶、落霞孤鹜、碧落苍茫、旷达廓远是其精神所在；烟水庵立地局促、门径遐僻，遥遥掩映在烟水渔庄的北面，以幽泬僻静为其环境特色；交芦庵是西溪名庵，自东向西而来先是迂曲深密，后又朴野清逸，西侧外围环境翠叠葱浮，芦翎如砥，秋风乍起如雪海，景色颇佳；曲水庵周边自然风光引人入胜，长河萦绕，竹林问渡，基从水筑，非楫莫寻，以深蔚隐秀为其环境特色。

2. 建筑选址布局

利用原有农居旧址，结合对场地中原生特色植物群落或大规格乔木的保护，同时强调场所景观构图的均衡感并考虑景观主体的"看"与"被看"，是建筑选址布局的出发点。根据景观序列组织的需要和环境景观资源被利用的可能性，充分利用原有民居建筑的基址作为建筑选址的首选，合理布局并组织好游赏体验空间，运用传统绘画理论中的"三远法"（平远、深远、高远）和传统园林的"因借"手法来指导景观构图和相应的意境生成。

3. 景域布局组织

景域组织以对环境条件因势利导的组织利用为原则，强调进入景点及主体建筑的外部空间序列也是景群之间关系的组织。各景点从其环境尺度和容量大小的不同条件出发，使万顷之园能紧凑而不觉其大，且游无倦意；数亩之地能宽绰而不觉局促，并览之有物。

湿地公园一期十大景点虽然每个点的设计用地都有一定的范围，但是湿地的大环境的景物要素、空间形态和风貌气质与十大景点的主题和意境相生相融、相辅相成，设计虽有范围而呈现的效果并无范围。

湿地公园二期的景域组织更是如此，从规划层面就对景点和设施的位置关系、布局密度加以控制，不同主题类型基本遵循分区布局、密度契合主题的原则。诸如民俗主题的体验内容布置在二期的北面，士人园林相关的主题内容布置在南面，体现"南雅北俗"的特点；沿福堤西侧布局人文类的主题景点和体验，东侧则以生态主题体验的内容为特点，体现"东静西闹"的规划格局。同时，民俗主题体验的设施相对密度较高，人文类的主题景点和体验设施密度相对较低，彼此空间间距拉大，而生态体验、科普科教的内容和设施则拥有更大的自然生态环境空间条件。

4. 建筑风貌造型

建筑单体的风貌造型依据人文背景的不同分类而有所不同。民居类以西溪湿地原生的民居建筑为蓝本，从环境景观意境和建筑功能的需要出发，结合环境条件作出合理的变化。庙庵类建筑结合改造前的形象或历史资料，针对不同的对象和环境条件形成独特的风貌特色。文人别业类建筑除了借鉴杭州地区明清文人居住建筑的某些手法运用、造型元素外，还照顾到西溪湿地环境中建筑用材的地方传统和基本规律，并对人文背景、主题内涵所外化的特征加以发挥，参照明清山水画中的建筑形态和样式，进行符合技术可能性的处理，形成生动别致的西溪湿地郊野的文人宅园或园林建筑。而诸如西溪梅墅中的建筑，以田园农舍归类，建筑群体的格局和建筑单体形态除了表现出坡地的环境特点外，以更为乡土的造型风貌、传统的建筑工艺和用材粗糙的艺术表现手法作为其风貌特色。

5. 环境主题表达

围绕景点主题意境的表现，强调环境原生态的保护，局部以主题植物的配置和种植来营造不同的环境特色和人文意趣（渔隐耕读），对建筑环境基本元素的用材做法，诸如桥梁造型用材、道路做法材质及必要的小品设施，均以符合人文主题的要求来落实。

为更好地表现场景的生活化特征，针对不同人文主题的建筑环境精心营造出不同的氛围。对于文人别业类景点多以竹木周布、沟池环绕外，还常以场圃在前、园圃在后作为基本特征加以把握；佛教庙庵和水乡民居类设施，除了空间的基本形态特征有所不同并形成变化外，还通过不同的植物种植主题来强化场所功能的类别特征。

综观湿地公园一期诸景点的设计，其景观环境整体结构在总体的自然生态背景基调统一的前提下，以三大文化类型组成，而各景点通过有意识的设计处理，在分散的布局中又使之略带呼应之意趣，可谓顾盼映接、和而不同。

湿地公园一期依据景点的人文内涵所作的分类中，南面沿天目山路一线的几个景点（西溪水阁、西溪草堂、梅竹山庄、泊庵）侧重文人别业不同类型的表达。其堤塘密布、浓阴深翠的自然环境现状具备很多隐逸文化特有的环境要素条件。百家溇、烟水渔庄、深潭口表现水乡村落的不同形态，重在表达作为人文生态显性形态的民居建筑群体布局和空间结构两者与自然环境条件的互动相生关系。烟水庵和秋雪庵是湿地水乡中庙庵建筑的典型代表，紧凑的布局形制及其与周遭环境的关系具有独特的湿地特征。西溪梅墅以田园农舍的形态表现士大夫"小隐"的主题和意趣。

就个体之间的联系而言，秋雪庵和西溪梅墅两个景点环境是西溪湿地最引人入胜和最具有代表性的景点，"态以远生，意以远韵"的美学追求在此得以充分体现。两个景点小环境开合变幻有所不同，但地势一高一低遥相呼应且景观视线能彼此因借。烟水庵和烟水渔庄之间柿柳层叠、白鹭悠翔，水巷交错且曲折幽深，形成良好的景群空间联系；百家溇景点西侧靠近生态保育区，东向与秋雪庵天际线遥相呼应，形成富有诗意的湿地乡村的人文意境；梅竹山庄、泊庵、西溪草堂和西溪水阁是靠景区南侧布置的景群，彼此相对独立而又联属呼应。景点四周烟柳层叠、屏障拥护，建筑隐现其间，内外空间旷奥有致，视线深远变化。

包括十大景点和各景点之间水路和陆路的联系，可以视作动静结合、内种类型兼备的游赏过程。景点之间的体验过程为动游，景点核心区域的游赏活动以静赏为特征。动态的过程强调路径曲折有度，行者顾盼生景，能有移步换景的效果。静观的主题体验除了传统的槛前细数游鱼，亭中迎风待月，屋外花影移墙，峰峦当窗宛然如画外，更有数不尽的蒹葭芒荻、万竿翠竹、红柿桑林、斜梅如影，和遍布的溪桥岛渚、横港阔水，令人四时流连沉醉其间。

与湿地公园一期工程的任务要求和条件不同，湿地公园二期工程的任务首先是规划工作，而规划工作的重点是生态系统的修复、保护和培育，同时结合满足生态科普科教、彰显历史人文底蕴和必要的游赏功能等湿地公园的多重需求，实现更大更复合的价值。

湿地公园二期工程中公园游赏区整体布局体现"东静西闹，南雅北俗"的结构性特点。一条福堤将公园游赏区分成东西两片，南北两端是公园对外的主要出入口，沿路东西两侧分布湿地二期主要人文景点和多种体验与服务设施。其中东区以湿地生态环境展示和鸟类栖息地及工程湿地等科普科研体验为主，西区主要布局不同人文主题的历史文化景点，南片人文景点侧重士大夫文化和佛教文化的演绎，而北片主要为水乡村落民俗文化的表达。

生态系统的修复、保护和培育以及生态科普科教条件与设施建设，是一个具有整体性、专题性和时间连续性的工作，通过工程技术综合生态技术并结合必要的后期运营管理的要求，建立自我循环、自我修复、自我维持的生态系统，以及具有示范性的生态科普科教户外环境场所。具体措施首先立足在保护西溪鱼鳞塘的湿地肌理以及鱼塘塘堤桑基、竹基、柿基的典型特征的基础上，分别从水环境的治理、植被的保护培育、生态多样性恢复等方面着手来进行，主要采用水系沟通及生物净水工程、乡土植物保护和湿地植物生境培育以及鸟类栖息地和生态廊道建设等措施来加以实现。

历史文化是西溪有别于其他湿地的主要特征，综观湿地公园二期诸景点，跟一期一样，"梵、隐、俗、闲"是其主要的文化内涵，以梵文化为代表的是佛教庙庵，因其紧凑的布局形制以及它们与环境的密切关系而独具特色。代表景点如交芦庵和曲水庵；而隐文化的表达则考虑历史人物的身份地位，结合现状堤塘密布、浓荫深翠的自然环境，侧重士人宅园的表达，主要有洪钟别业和高庄；俗文化主要载体形式为不同主题和形态的水乡村落，如河渚街和蒋村集市；闲文化相关景点则综合考虑城市人群多元化游赏休闲的需求而涉及较多功能类型，主要有湿地生态休闲、湿地科普休闲和湿地生活体验等功能，代表性的景点有鸟类栖息地和艺术家村落等设施。

两庵建筑略带江南明清民居风貌，格局紧凑、风格质朴简约。两庵门迎曲水、环境清幽。交芦庵按老照片恢复，西侧保留"农业学大寨"山墙，其北恢复宋代正等院小庵堂三间；东侧为面西的三间客房和厉杭二公祠，东西两侧之间有碑廊连接。而曲水庵布局则过台门设中堂，左右两厢分别为宾寮禅室，后进为讲经楼，东为怀阁，西为僧寮。整个周遭环境颇具水乡诗情画意和西溪独特的湿地风光。

内园中的高庄结合清代高士奇晚年好灌园溉蔬的生活习性，以及蕉园诗社女诗人群体赋诗歌词、啜茗博古的典故，选择前宅后园的园林布局方式。该园以中部水面为中心，景观上西、北高，东、南平，园中建筑错落有致，空间布局灵活多变，达到移步易景之效果，体现清代园林特点。而洪钟别业定位为杭州明代、西溪当地的郊野士人园林，在意境上追求简而意足，在空间上旷奥兼备。三分水，二分竹，一分屋，强调内外环境融合，"虽由人作，宛自天开"。

一街一市恢复了西溪的河渚街和水乡集市，以展现西溪地方特色的民俗风情，整体延续了原深潭口和蒋村村落格局，以一条具有鲜明水乡特色的街市为主轴，枝干上串联了多个建筑组团，或为民居，或为宗祠，或为蔬园。游人于此可以在茶馆欣赏越剧、评书，看船拳等西溪民间武术表演，在蒋相公祠堂瞻仰蒋氏三兄弟的义举，更可于曲水鱼塘间品味水乡渔家风味。一街一市整体景观呈现屋宇错落、林木葱郁、塘湖连绵的景象，独具湿地水乡村落特色。

鸟类栖息地的设计利用了原有水滩草地及荷田，沟通周边池塘和低洼地，配置植物群落，形成鸟类栖息地。由内而外可分为栖息核心区、浅水过渡区、深水过渡区、灌木区、栖息树林区，形成多种主题类型的生境，吸引涉禽、游禽、陆禽、攀禽多种类型的鸟类来此觅食、筑巢、栖息。

艺术家村落的布局，依托现有地形特征，由一形象展示景观带来枝状串联各功能模块空间，每个功能模块空间都由一个景观共享空间连接多个创意工作室，形成一个具有西溪原生聚落肌理特征的、以现代建筑融入湿地自然环境为特色的艺术家村落。

艺术家村落的建筑设计依托现存宅基地和景观资源，选取现代材料和结构方式来表达西溪风景建筑的特色，玻璃通透立面和仿竹屋面的设计，使建筑消隐于湿地自然环境之中，同时获得良好的景观感受。

自从建成开放以来，杭州西溪国家湿地公园因其在自然生态和历史人文方面独特的气质与魅力，每年都会吸引近500万的游客前来游赏体验，并因其自然野趣的生态环境与底蕴深厚的人文景观两者的完美融合，而给游人留下深刻而难忘的印象。同时也为人们认识理解传统的山水文化乃至古人的世界观和价值观提供了一种条件，更是为继承东方文化的优秀传统、开创文化未来的新面目作出的有益实践和探索。

项目的规划与设计创作的基本理念与成功经验，为在国内处于起步阶段的大型湿地公园的建设，提供了该领域高水准而且是经典的示范，引领了一个时代与湿地公园相关类型的项目建设的实践方向，获得了业内和业外乃至相当大范围的不同阶层社会人群的高度认可与赞赏，体现了风景园林学科和专业设计工作在城市化进程中所能发挥的主导作用和日益显著的社会价值。

与此同时，西溪国家湿地公园的建设也为杭州市的旅游发展打开了一个崭新的窗口，并展现了领先于时代的城市建设的创新理念。随着西溪湿地生态功能的不断恢复，其社会效益、生态效益、经济效益也逐步体现，它不仅与杭州西湖世界遗产相媲美，成为杭州一张新的靓丽的名片，也为更好地创立杭州城市旅游休闲的新品牌，为杭州城市未来的发展注入新的动力，留下一笔宝贵的遗产。这也是西溪国家湿地公园的成功对于浙江建设文化强省、杭州建设山水旅游城市的意义所在。

金 捷
Jin Jie

中国美术学院风景建筑设计研究总院有限公司第三综合设计院院长
浙江合艺建筑设计有限公司执行董事
国家一级注册建筑师、高级建筑师
全国杰出中青年设计师
中国建筑学会室内设计分会理事
浙江省建筑装饰协会设计委员会会长
浙江省环境艺术家协会秘书长
杭州市美术家协会理事

以技术切入，艺术融入；以理性的思考，回应使用者的需要；以艺术的表达，实现对流行审美、时代发展的超越，赋予设计作品抵御时间的艺术魅力，实现感性与理性的和谐统一。

技术切入，艺术融入：隽维中心设计

所在地址：杭州拱墅

建筑面积：200000 m²

设计时间：2017

在经济高速发展的时代，城市的产业升级必将使得大量传统的工业建筑面临资源唤醒、环境品质提升及使用上的功能改变。拆除重建是提高土地资源利用率的一种方式，而通过改造和全新功能的植入不失为一种节约资源、环境友善的绿色手段。

隽维中心正是采用了这种设计方式，通过对室外空间及景观的再造、室内空间的品质提升、综合使用功能的完善（停车系统、餐饮服务系统、综合会议功能、辅助增值服务），使得项目成为城市有机更新、环境友善、效益兼顾的综合性产业园样板。

隽维中心位于城北老工业园区，随着城市的扩张，工业园周边已经被城市住宅和商业建筑所环绕。隽维中心的改造首先是从园区景观环境的提升梳理开展设计工作的，通过对东院和南庭两个较为完整的空间的园林改造，以及大面积屋顶花园的设计，使得园区环境品质获得了极大的提升。

一、东院：叙事和借景

马修·波泰格（Matthew Potteiger）在其所著《景观叙事设计实践》一书中提出了"叙事对于塑造场所不可或缺"这一理念。与此异曲同工的是，中国古典园林营造更是向来强调"立意"，重在言情，传达造园者的思想与境界，借景抒情、借物名志、诗情画意……

《说园》中有言："观天然之山水，参画理之所示，外师造化，中发心源。"又言："造园如缀文，千变万化，不究全文气势立意，而仅务词汇堆砌者，能有佳构乎？"由此可见立意叙事之重要！

造园立意，首重意境。意即主观的理念、感情，境即客观的生活、景物。意境产生于艺术创作中这两者的结合，即创造者把自己的感情、理念熔铸于客观的生活、景物之中，从而引发鉴赏者的情感激动和理念联想。唐代诗人王维在其《诗格》一文中提出诗的"三境"之说——描绘山水之形的"物境"、即景生情的"情境"、托物言志的"意境"。构景造园，亦大致如此，不过，隽维中心的设计想将"物境"更进一步表述为"画境"，取意塑造的空间场景更注重同时引发人想象的画面感。

隽维中心的东楼是一幢普通的六层建筑，呈围合式布局，内部有一个1.5亩的梯型庭院空间，设计通过功能植入（餐厅包厢、咖啡厅、大师工作室花园），运用现代曲廊有机结合，形成了九个相对独立又相互借景的院落空间，曲廊、咖啡厅和餐饮包厢的屋面也形成了立体绿植，"阖居阙城中，恍然入山林"。

③
③
③ ③
② ①
②
①

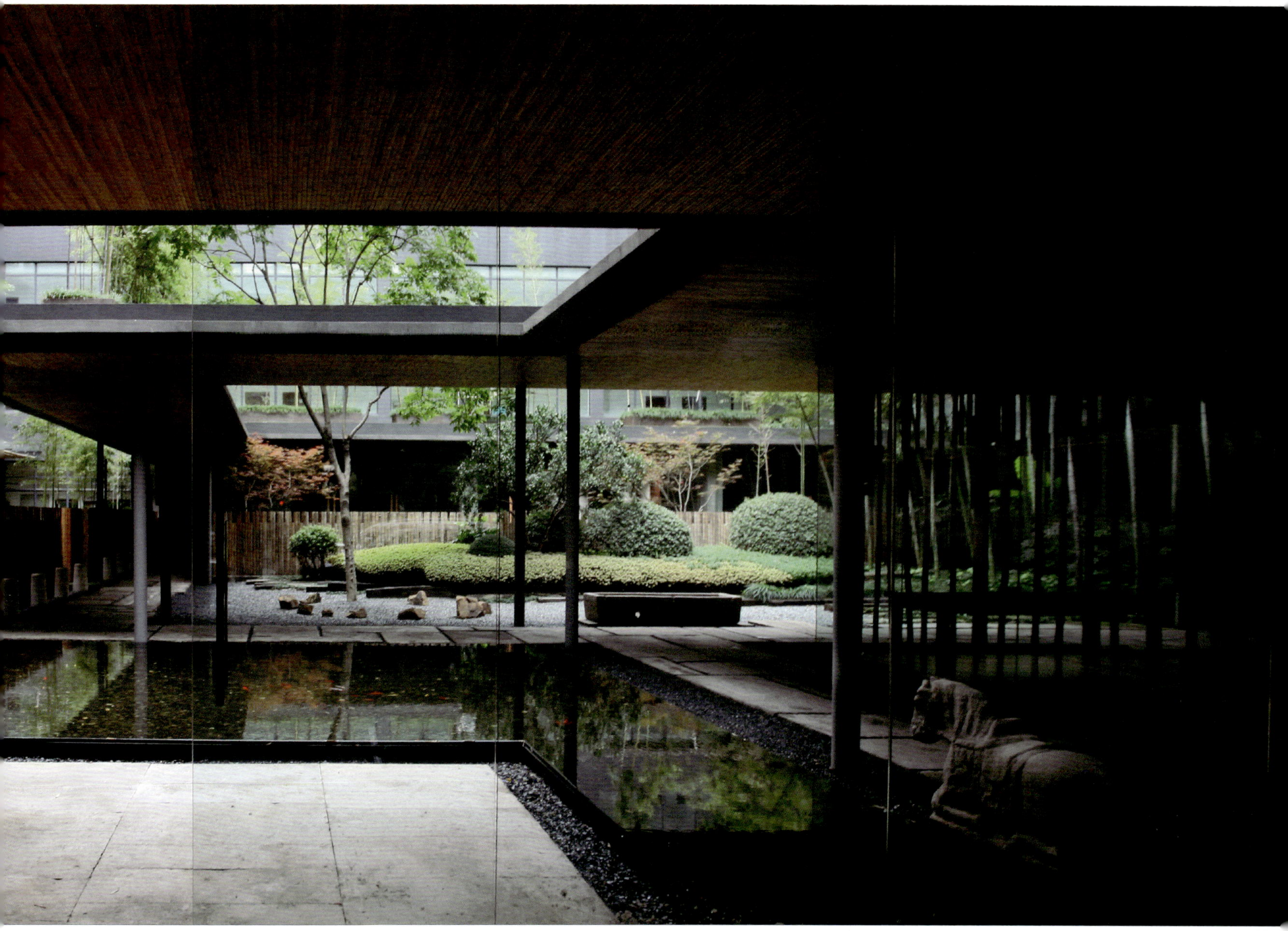

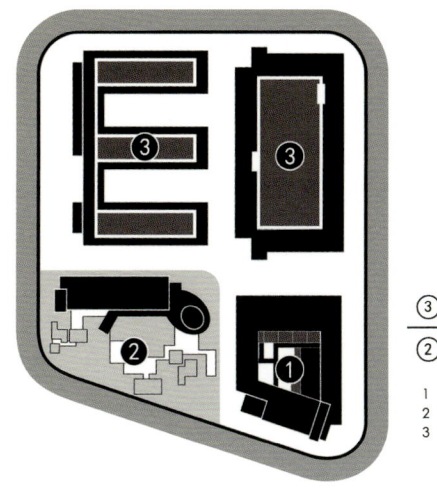

1 东院
2 南庭
3 屋顶花园

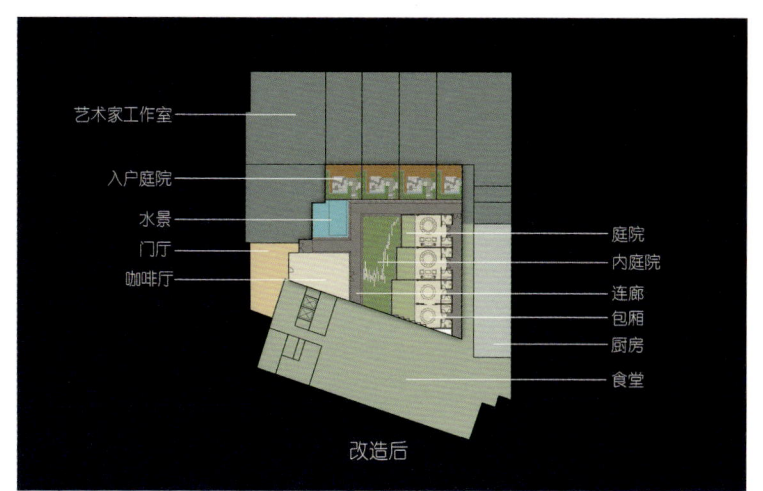

艺术家工作室
入户庭院
水景
门厅
咖啡厅
庭院
内庭院
连廊
包厢
厨房
食堂
改造后

正如陈从周先生所言，"园之佳者，如诗之绝句，词之小令，皆以少胜多，有不尽之意，寥寥几句，弦外之音犹绕梁间。园外有园，景外有景，即包括在此意之内。园外有景妙在'借'，景外有景在于'时'，花影、树影、云影、水影、风声、水声、鸟语、花香，无形之景，有形之景，交响成曲。所谓诗情画意盎然而生，与此有密切关系。"

二、南庭：相地、布局、造景

南庭位于原办公楼的正前方，因为是主入口，早期的设计使得宽敞的前广场基本被交通功能所占用，在本次改造设计中将出入口移位，原有门卫岗亭保留并改造，从相地、布局、造景三个方面进行了设计实践，通过功能唤醒、动线重构创造出当代的雅致办公场域。

1. 相地：计成《园冶·相地》中谈到："园林惟山林最胜，有高有凹，有曲有深，有峻而悬，有平而坦，自成天然之趣，不烦人事之工。入奥疏源，就低凿水，搜土开其穴麓，培山接以房廊。"

原岗亭所处的位置处在南侧原主入口的东边，岗亭与周边建筑的关系是以一种原始功能性质的建筑而存在，孤立而又缺少存在感，可有可无。把它作为改造对象，希望它的存在是能影响周边建筑及环境的关系，重新构建空间场所感。

2. 布局：首先取消园区原有南侧入口，变起点为终点，作为茶亭的空间。在庭院的东西方向"起山造林"，削弱周边建筑、道路对中心茶亭空间的影响，保持与周边建筑的距离感。在原主入口处设置竹林，强化茶亭周边空间的场域感，同时又有效地减少了外侧道路的影响，在靠近北侧建筑的区域同时"引水入园"，形成与南侧茶亭空间"隔水相望"的空间意境。同时在北侧建筑的东西两端，结合水系，"造桥""筑路"，并以曲径通幽的传统空间进入方式引入中心庭院，架构全新的空间结构与空间体验，建筑之间的关系因水、山、林而变得不同，或疏远，或亲近，或模糊，或清晰。这是一种写意的状态，如同中国传统绘画中的笔墨空间一般。

3. 造景："相地""起山""造林""引水""筑桥"所架构的空间场所与计成在他的《园冶·相地》中所谈到的如出一辙。这确实是一种行之有效的方法。

原岗亭的建筑在设计上并没有拆除，整个南庭的设计始于这个岗亭，所以设计者希望茶亭的设计通过改造的方式进行，像种树一样，它是会生长的。整个茶亭的改造是在原岗亭的基础上增加其纵向的灰空间，用六根钢柱和原岗亭结构撑起一片水平屋顶，一棵香樟结合建筑种植，使之成为整个环境的一部分，尽量弱化建筑形体，强化它的空间模糊性，且纵向的建筑布置与北面的办公楼形成一种平衡的关系。这种弱化建筑形体而强化空间景观营造的设计方式让我们想到了文徵明绘画中对山野之中茅草屋的描绘，文徵明通过这种绘画想要表达的并不是茅草屋本身，他要表达的是整个画面所体现出的人生观、价值观，不是仅仅解决一个功能的问题，而是想传达一种雅致生活观念。

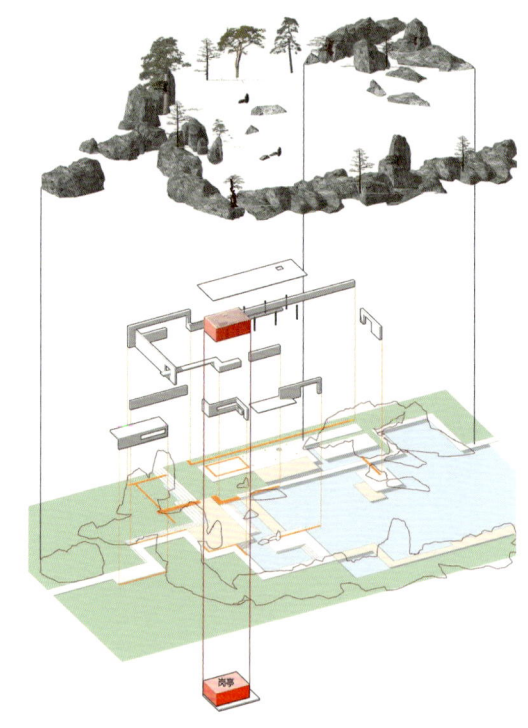

"起山造林"：建立场所空间山林意境
场地写意化的叙述表达

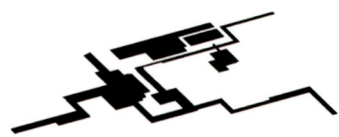
游园路径：建立场所空间结构

亭、墙、台：建立与之相应的场地属性
保留原岗亭的真实属性
写实性的具体表现

保留原有岗亭：场地的原始属性——场所真实性

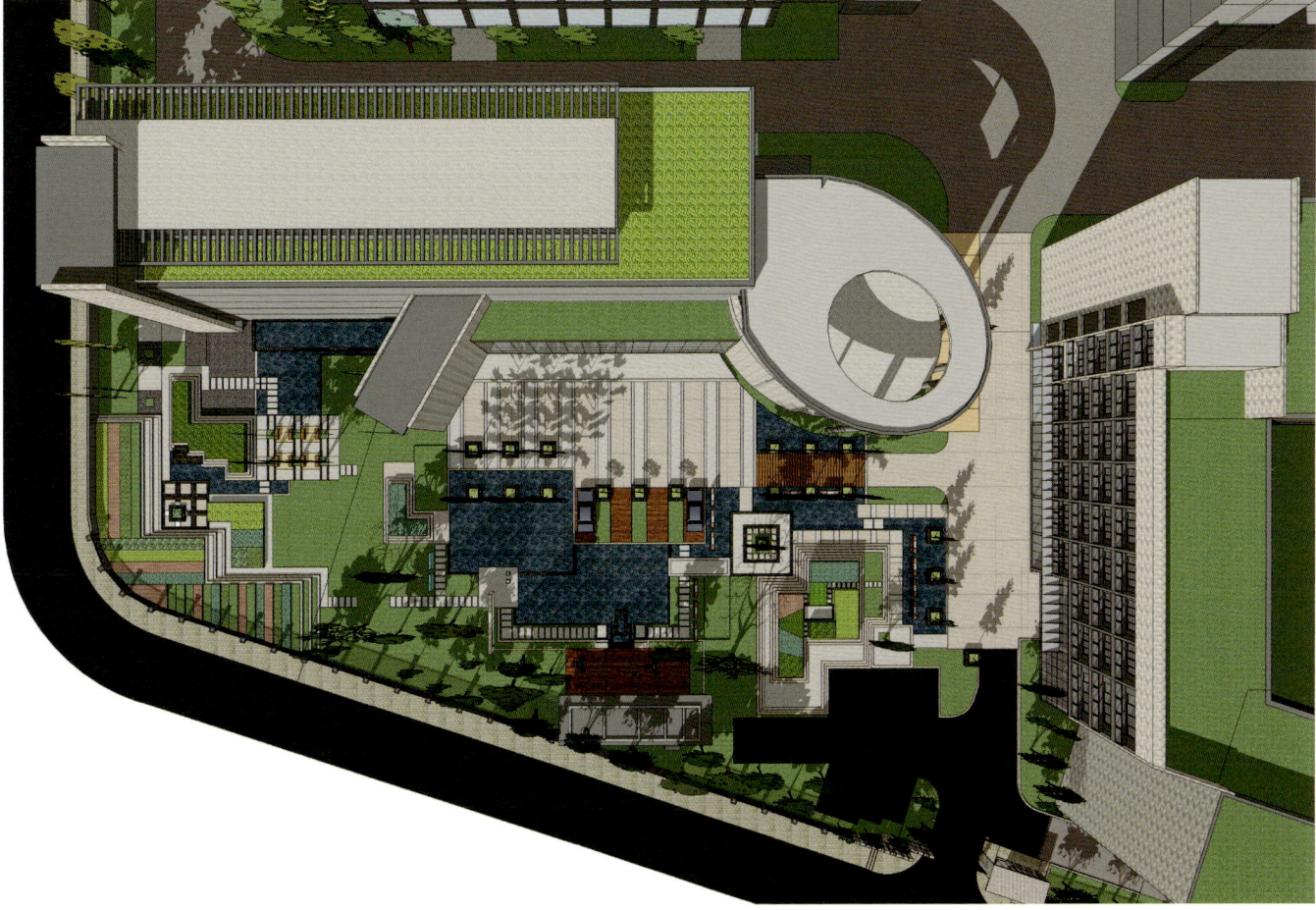

三、屋顶花园

屋顶花园是隽维中心重要的新建设施之一。整个隽维中心的四幢建筑共有屋顶花园1.4万m²，建成时为杭州最大的屋顶绿化空间。通过这个空中花园的建设，一方面改善工业园区环境普遍不适宜工作生活的固有印象，另一方面使得隽维中心的景观能够与风景优美的半山公园前后呼应，在繁华都市之间开拓出一片绿洲。此外通过城市小型生态系统的建设，缓解热岛效应，也提升了隽维空间本身和其所在区域的生态价值。

屋顶花园能够建成，首先有赖于团队对于技术的灵活应用。在屋顶结构荷载满足的前提下引进了德国WFS仿生灌溉系统，采用了生态土壤及根系阻断防水层。在为小环境设计了微气候平衡系统之后，团队基本解决了花园灌溉产生的渗水、植物根系生长对土层的破坏和极端天气特别是台风带来的安全隐患这些问题。花园中由石子铺成的小路如同一条蜿蜒曲折的溪流，南北贯通，与地面方形的庭院空间形成了对比。园内的植栽全部保留了其自然的生长姿态，树木与花卉随着时序的变化夏生春长，秋收冬藏。充满了生机的形态与地面景观朴素而幽静的气质也形成了巧妙的对比，使得空间的节奏和谐、富有变化。

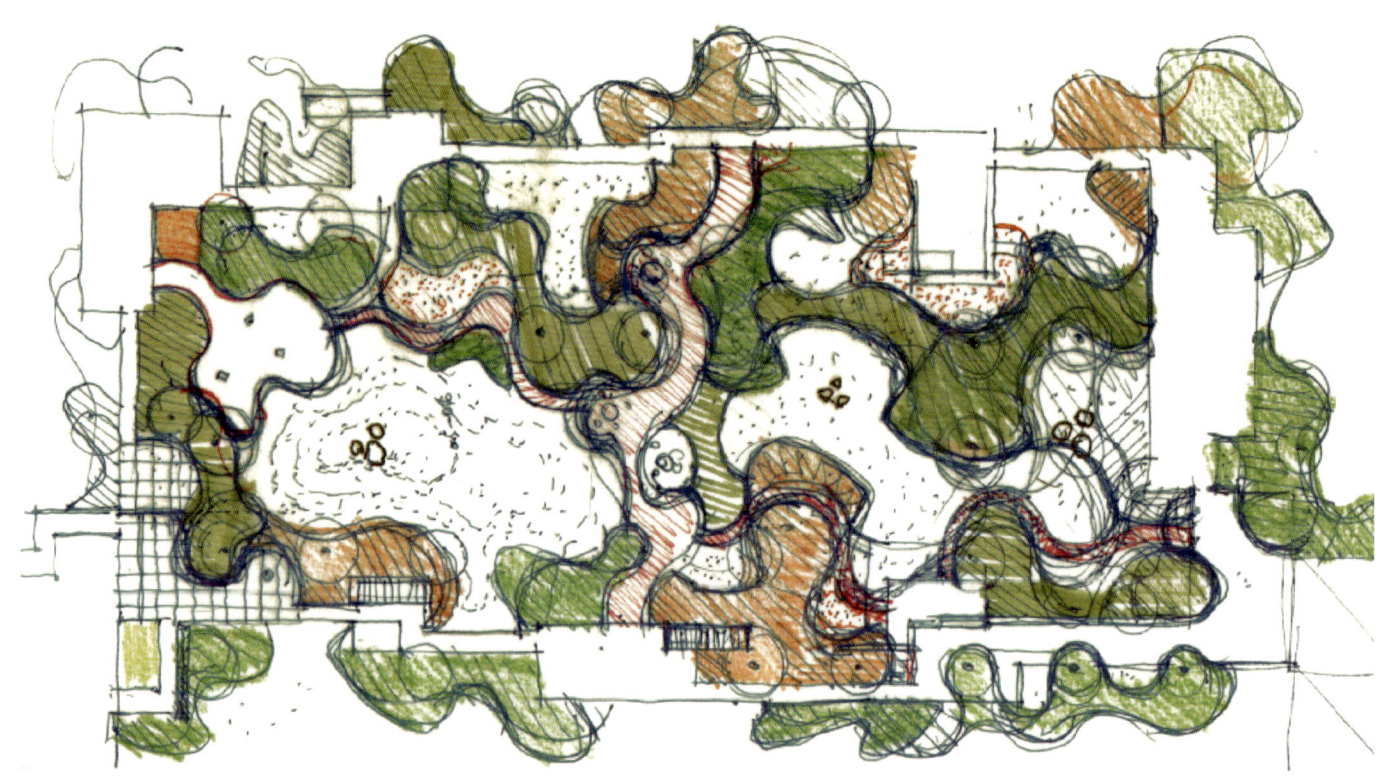

四、完善功能，空间和材质突破使用惯性

隽维中心的改造建设在功能上做了全新的定位：将"形象电商"概念做为园区重点服务对象，为有电子商务需求的现代企业创造舒适、开放、多元的线下办公空间，增加形象展示、集合仓储等功能，将园区停车系统、餐饮服务、综合会议功能、辅助增值服务等配套进一步完善，使得本项目成为城市有机更新、环境友善、效益兼顾的综合性产业园。

隽维中心在空间和材质的选用上也独具匠心，多年的从业经历让金捷在设计中完全打破了空间形式和材质选用的使用惯性，摒弃昂贵的建材和流行的元素。废弃的带着时间烙印的建材、工业余料、生活用具，施工过程中被拆解出来的无用沙土、旧木、石块，按照尺度及个性完全定制生产的砖材，都被严丝合缝、恰到好处地置于隽维中心的建筑、庭院、屋顶花园及室内，使得它们如同生长在空间当中一般，呈现出朴素而自然的和谐面貌。在改造设计中，材料在内外空间的使用没有明确的分界，同一种材料通过技术手段的改造可以适应各种环境与要求，建筑、景观与室内的设计分工同样没有分界，空间改造需要综合三者进行整体的考量。

隽维中心园区内所有材料的选择都以具有抵御时间的能力与价值为标准。用材最基本的要求就是坚固、抗老化能力强，能够抵御风化、侵蚀、人为的损耗，其次是大面积使用的材料需要具备较高的工业化程度，能够高效、广泛地被生产和使用。此外，设计注重整个园区室内、户外材料运用的统一性，注重空间在纵横位置上的相互呼应关系，积极将旧材料再生利用，并在营造建设的过程中将材料原始的个性和特征、质感尽量完整地保留、呈现出来。在空间的营造上，将边界空间的设计与其在整体建筑、景观当中的作用作为整体设计改造的推动力。

五、技术切入、艺术融入

金捷是一位与中国美术学院风景建筑设计研究总院有限公司共同成长的优秀建筑师。他曾于浙江省建筑设计研究院总师室工作，是建筑大师唐葆亨先生的关门弟子，参与了省院大量重点工程的设计创作及中国传统民居建筑的研究。二十多年的从业经历以及积极进取、求新思辨的精神使得金捷在建筑设计、环境及室内设计领域建树颇丰，他与团队在超高层的商业综合体、艺术类博物馆、美术馆、产业园等建筑、景观和室内设计领域都硕果累累。其中代表作品包括：陈云纪念馆方案、宁波保税区国际发展大厦、天津世纪广场、桂林金融大厦、杭州银泰购物中心、杭州师范大学美术馆及体育中心、中国宣纸小镇国纸水街、金华信息技术产业园等。

金捷在设计中始终秉持着理性思考、技术切入、艺术融入的设计追求，在他的设计实践当中，他认为技术可以解决功能、使用的问题，而艺术性则需要通过理性思考，结合新技术、综合现有技术、改良旧的技术达到对美的诠释。以他的代表作品之一隽维中心的设计为例，在这个项目立项之初，金捷就通过理性的观察、分析、思考，明确隽维中心的发展方向，重新规划其与区域社群的关系、功能与综合改造计划的实现方式，并为这次的改造项目确立了明确的设计目标，即赋予空间抵御时间的价值与力量，在改造项目取得成功的同时赋予了隽维中心这个综合空间全新的艺术价值。

在金捷的作品当中，感性与理性实现了和谐统一。他始终以自己理性的思考，回应着使用者的需要；以艺术的表达，实现了对流行审美、时代发展的超越，赋予作品抵御时间的艺术魅力，真正做到了技术切入，艺术融入。

王 伟
Wang Wei

中国美术学院风景建筑设计研究总院有限公司总建筑师
正高级工程师
国家一级注册建筑师
浙江省首届勘察设计大师
王伟大师工作室主持人
中国建筑师学会会员
浙江省环境艺术家协会常务理事

设计在于创造，因此需要勤于思考，倾注感情，需要有广阔的视野和全面的修养，需要从一切自然和人文学科中去感悟、去积累，它山之石可以攻玉，厚积才能薄发。

创新设计助推乡村教育改革：富文乡中心小学改造

所在地址：杭州淳安

建筑面积：2604m²

设计时间：2017—2018

——

中国城市化进程飞速加快，伴随而来的是乡村学校的慢慢消失。数据显示，有两万多所学校为20%最贫困家庭的农村儿童提供服务，这些家庭没有能力供子女上学，这所富文乡中心小学就是其中之一。它是偏远农村的"落后学校"之一，设施落后，教师不足。所以此次改造项目的主要目标是通过适当的重建，为儿童提供更好的教育和更好的环境，探索适合的教育方式，让一批人、几代人有信心、有文化、饶有兴趣地生活下去，孕育出美好的乡村文化。改造后的富文乡中心小学从新颖独特的建筑形式中传达的积极、活跃，与学校所希望的在长期的教育中潜移默化传递给孩子们的东西是彼此呼应的。

一、乡村小学的困境

杭州是一个经济发达城市，但也有不发达的远郊山村。几乎所有农村小规模小学都面临着同样的问题——"教育质量不高""学校环境差"，这些学校就像人患上了渐冻症一样，都在不断"萎缩"，如果缺乏有效的挽救措施，就有可能一步步走向消亡。大量生源外流，小部分是因为家庭生活基础外迁，大部分是因为学生家长"异地择校"。

在类似情况下，教育部门决定进行试验性调整，在适宜的地点建立小规模学校，期待这些学校能更好地适应农村儿童的发展，并拥有复合多元的教育机制。这些具有实验功能和示范作用的"样板"小学获得了大众的期望和支持，富文乡中心小学便是其中之一。

富文乡小学改造的目标是让孩子在更加多元多样的学习生活中培养学习的兴趣，形成积极的心理，逐步养成学习的习惯。即使他们未来仍留在乡村，也是阳光、自信的。

2016年2月，富文乡中心小学被确定为杭州市农村小规模学校综合改革整体提升首家试点学校。2017年底，中国美术学院风景建筑设计研究总院有限公司总建筑师王伟与上海中同学校建筑设计研究院吴奋奋院长联袂成为乡村学校改建工程的志愿者，完成了富文乡中心小学的校舍整体改建设计方案，2017年11月启动整体改建项目。

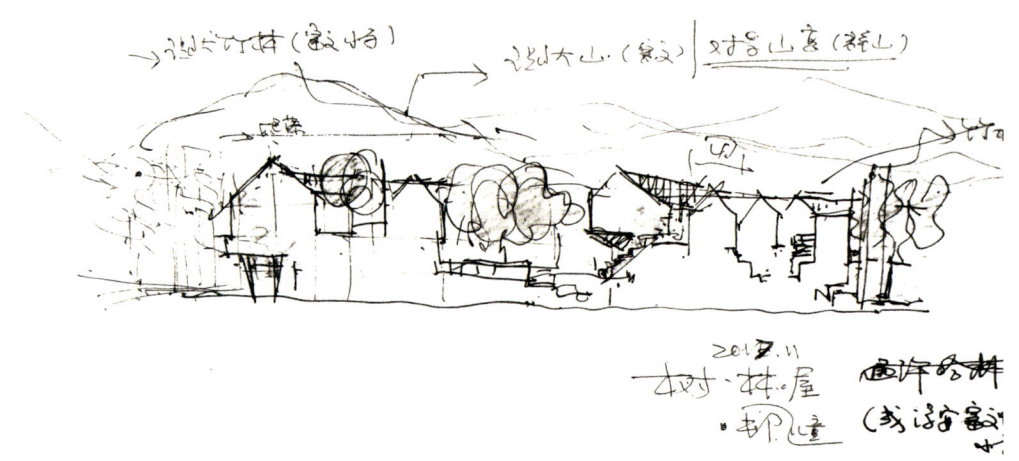

二、融于环境的建筑

富文乡中心小学位于杭州市淳安县东部，距县城25公里，是一所公办小学，创建于1956年，占地7200m²。学校选址在县公路旁边的台地之上，四周都是村居和连绵环抱的群山，有充分可利用的自然景观。

中国大多数学校建筑往往更看重功能性和经济性，而忽略建筑形体的美观和内部空间的营造，因此显得呆板而又缺乏想象力，和自然环境更无关联。改造后的富文乡中心小学与周边环境十分融合。富文乡中的民居多为坡屋顶小楼房，立面装饰材料有红色、灰色、白色、黄色、蓝色的瓷砖、瓦板、涂料、波形板等，丰富多样。改建设计来自山村儿童最熟悉的灰红色坡屋顶山村家园和起伏山峦形象的启示，一条由爬梯、索桥、斜坡、曲廊组成的宛如蜿蜒盘旋山中小径的立体通道与竹林、果树、山花、小池交织。学校丰富多彩的立面与坡屋顶的造型和周围的民居是相呼应的，和秀丽的自然风景则形成有趣的对比。在青山环绕的富文乡，远看学校如同一簇鲜艳的山花，绚烂多姿。

三、互动交流的空间

改造后的校舍，如同将不同标高、尺度的各种主题小屋——教室、阅读、游戏、交流、探索、眺望等空间连接成一个微缩的山地村落式的魔幻立体新世界，它更像是孩子们在自然中自由成长的亲切的家。

改建把原来的20间大小功能相似、设备简陋的教室，共1077m²，改建成10个学习空间，面积共871m²——其中包括六间标准教室，三间综合性的专用教室和一间人文讲坛。把原来10间教师用房共1059m²，改建成8间279m²的管理及行政人员办公室和教师交流活动室，教师的日常办公都在标准教室，以便促进协同教学和全科教师的培养。减少的面积主要用于扩大学生活动的室外公共空间和室内运动空间：公共空间既是学生玩耍的场所，也是学生交友、学习的地方。比如孩子们需要娱乐空间，富文乡中心小学增加了许多专属于孩子的空间，每层楼的连接处都有一个攀爬绳网，可以顺着它滑到另一个地方。设计师打造了一个对儿童友好，适合儿童身心，符合儿童特点的校园，让他们能够在校园中感到安全、温暖、快乐。

设计师在原有教学楼走廊的外侧加设了钢结构，加宽了原来狭窄的走廊。在教学楼的西侧搭建了用于课外活动和户外活动的空间，先是有屋顶的风雨操场，接着是一层水池，涂成浅绿色像竹子的细长柱子托起几个位于二层的彩色活动空间，而后是层叠的增设的尖顶小房间，里面放着陶艺、手工的用具，设置了舒适的"小窝"与"树屋"空间，在小屋之间结合儿童玩耍的需要设置攀爬绳网、攀岩斜坡和楼梯配合使用。阳光下的彩色屋顶让每个房间具有了不同的性格和质感，朝向操场的方向设有门和窗，大多半开放并与原有建筑的外走廊结合，每个彩色房间彼此保持间隔，不同高度的窗口利于空气对流，确保没有一个空间会有闷热和空气淤滞的问题。

同时，考虑到学校所处的地理位置特点，校园设计打破了学校和乡村社区的边界，将学习空间扩大到学校以外的乡村中，将乡村的自然、文化作为重要的学习内容，体现乡村学校的特色，培养学生的乡土情感。

四、宜人舒适的尺度

说到乡村教育，大多数谈的都是物质投入，而设计师关注的却更多是孩子的心理和生理，他要在设计上提供各种可能性、人性化的设计，所以在把握整体空间效果的同时，也对一些建筑细节下了功夫。比如照顾到学校的主要使用人群是小学生，为此做了许多孩童尺度的设计。首先教室全部做成落地窗，让低年级的孩子坐着也能欣赏到窗外四时变化的风景，在忙碌的学习过程中也可以偶尔放松一下心情，反而更能促进持久学习。事实上，日本和西方国家的幼儿园、小学的窗户都特别低，符合孩子的视线高度，而在中国，大多数学校都是90cm标准的窗台高度，这样的窗台高度遮挡了低年级学生们的视线。所以设计师把窗设计得矮了一些，让小孩子能透过窗户看到外面优美的山村风景。

另外，对于教学楼里的学生使用的主要楼梯，设计师将原来台阶的高度做了调整。按照国家标准，学校每节的台阶高度上限是16cm，宽度不小于27cm，从小学到中学都是同样的标准。事实上这不合理，6岁和18岁的学生，怎能使用同样高度的台阶呢？调整后的台阶高度为14cm，宽度超过30cm。仅仅两厘米的变化，就让那些楼梯一下子变得更适合小孩子行走。教学楼里加设滑梯的楼梯，也因为坡度合适，怎么使用都是安全的。

五、新颖美观的材料

建筑立面由18种颜色的PC板与8种颜色拼成的碎瓷片构成了丰富的视觉效果，图形的组合和切换，处于不同的视角观看这座建筑会产生不同的三维感知。这座建筑有时会将三维的小房子悄悄用一个很小的角度的扭转来达到与二维图像相同的效果，它既是一座建筑，又如同许多靠近的建筑，创造了神奇有趣的视觉体验，就像一个童话般的儿童乐园。

和一般建筑不同，富文乡中心小学用了大量的彩色透光材料，设计师认为孩子的成长需要明亮的环境，不仅要有好的采光，更要有美的光。当阳光打进这些透光的材料，给孩子们带来的是无尽的光明和愉悦幻想。虽地处乡野，改造项目并未采用乡土、低技的"常规"建造方式，而是试图探索在中国和全球传统建造工艺渐失，人力成本攀升的时代，将高效、经济、环保的现代预制轻型结构和适当的传统手工艺融合并期待由此产生的新类型。

工厂定制的多种红、紫色系列聚碳酸酯透明耐力板墙，屋面结合局部碎拼瓷砖镶嵌工艺，水磨石的地面，成品的仿竹波形塑木板，自由折叠开合的门窗，营造了青山翠谷间明快、缤纷、与山色、天光、清风、星空对话的儿童世界，健康、艺术、自然的生活场所，这正是孩子、老师和家长们所希望的，也正是大多数城市或乡村学园所缺失的。

富文乡中心小学改造完成后，迅速成为网红学校，被誉为"最美乡村小学"。它通过校舍改造所传达出来的创新的教育理念、先进的教学手段得到全国关注，已经吸引乡村儿童回流上学，甚至有城里的孩子选择来这里读书。校舍的成功改造有效提高了农村小规模学校的教育影响力，有力地推动了乡村教育"换道超车"的教育改革。

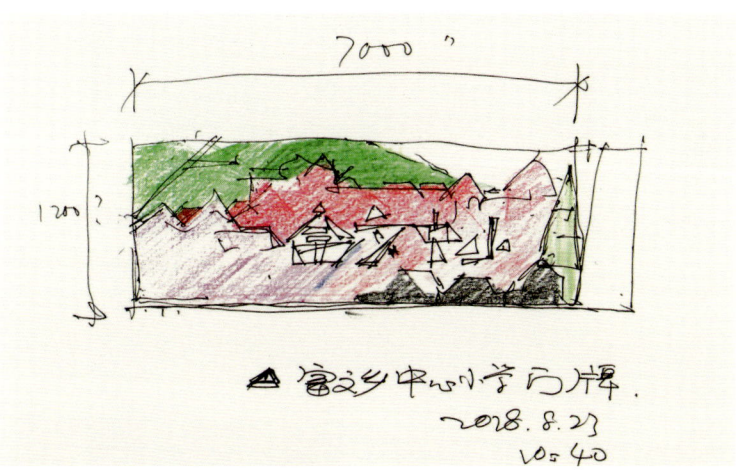

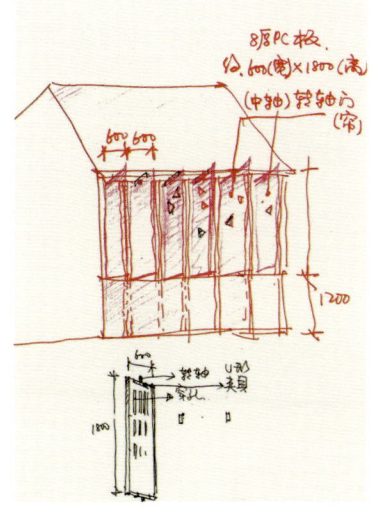

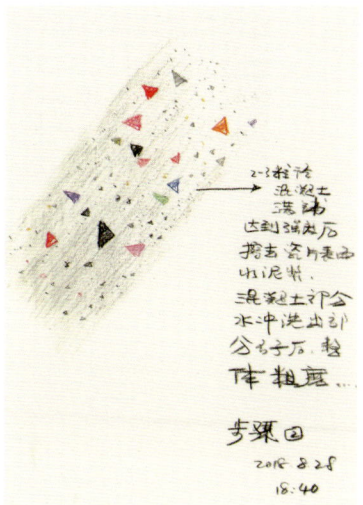

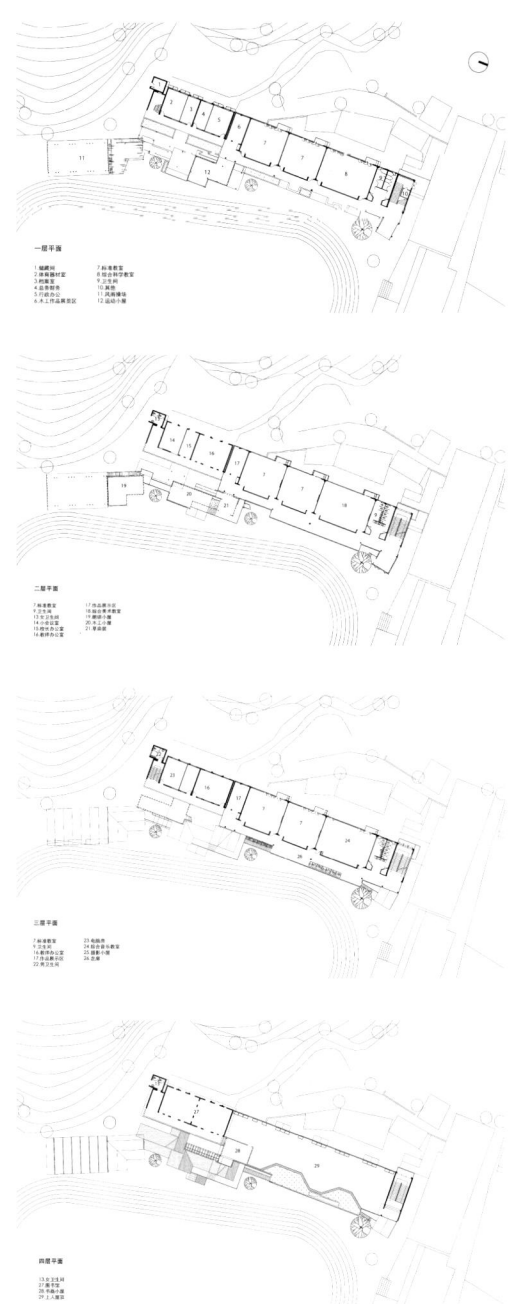

69

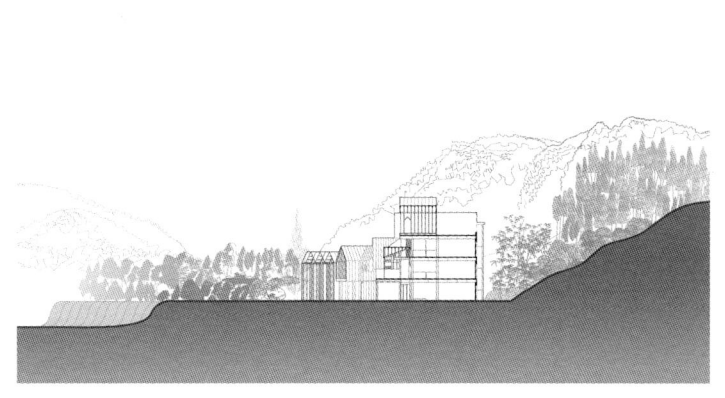

现代江南：海宁市图书馆新馆和查济民纪念馆设计

所在地址：嘉兴海宁

建筑面积：19900 m²

设计时间：2010—2014

图书馆是学习、研究、咨询、培训和进行学术交流的重要场所，是当地文化和书籍的收集、整理、使用和保护的中心及各种信息和文献资源的提供者，是现代文化生活和精神文明建设的重要交汇点。

海宁市图书馆旧馆建于1988年，随着社会经济水平的迅速发展、生产力水平的飞速提高，该馆运行二十多年后，其规模和功能已明显落后于广大市民的需求，交通状况差、停车位少，这也是旧馆在配套服务上面临的诸多难题之一。2012年3月，海宁市图书馆新馆和查济民纪念馆工程项目开工，工程建设历时近三年，于2015年元旦期间正式对外开放。该项目建设地块位于市文化馆以南、文宗路东、城南公园西南、学林街北区块，用地面积20004㎡，新建总建筑面积19900㎡，其中地上建筑面积16210㎡（图书馆新馆建筑面积14310㎡，查济民纪念馆建筑面积1900㎡），地下建筑面积3690㎡。建成后的新图书馆藏书能力为80万册，读者阅览座位1000席(老馆的5倍)，是一座集藏书、阅览、科研、展览、文化休闲等多功能于一体的现代化图书馆，可以为全市人民提供功能全面的文化知识学习平台，进一步完善海宁市文化设施建设，提升海宁市文化品位，弘扬海宁市名人文化。

一、营造江南韵味，彰显人文特色

海宁市图书馆新馆和查济民纪念馆，坐落于城市南侧的文化行政片区内，与用地东侧优美的市民公园隔路相望。建筑采用了整体设计，建筑轮廓自西向东由低到高，最大化地吸纳公园景观。高低组合的形体自然地将图书馆和纪念馆功能区分，并以一个宁静的绿化庭院过渡，建筑底层部分既像基座又像一本厚重的书，新馆三到四楼的体量采用大型悬挑的方式置于底座之上，从远处望去，就像两本交叠的书，整体统一、简洁、典雅。

雕塑般的建筑体量相互承转，围绕着布置有水池、竹林、草坡、梅花树的景观内院，构筑了以"院"为核心的布局。与建筑几乎等长的水池作为建筑与场地的缓冲镶嵌在入口侧，漂浮在水面上的两座桥和多变的阶梯引导人流进入传统意象的墙洞式建筑入口。建筑底层游离的连续条形镂空墙凭水而立，围合成由室外向室内过渡的建筑街巷，墙的正面自图书馆向纪念馆由虚到实、由青到白过渡，从镂空墙中探出的多彩植物随季节而变化，自然与人工交融，为建筑增添了几分灵动的江南气息。

源于"书的海洋""知识殿堂""海宁潮"和"烟雨江南"这些综合的意象，建筑立面、室内构件及景观元素采用了线性肌理、水波纹印刷图案、玻璃夹绢布等以现代技艺生产的色彩图案丰富的材料，将简练整体的形态与丰富细腻的变化统一，营造了"水波书海"的意境。建筑运用了大量的白色和半透明材料营造纯净的氛围，诸如超白印刷玻璃、超白玻璃夹大理石半透明复合材料、生态透光树脂板、玻璃钢、白色金属网等，通过图案编排、色彩渐变、虚实对比等手法含蓄地表达了写意江南韵味。底层东西两侧的条形镂空墙是季节性攀缘植物的演出舞台，以期营造建筑与自然相互交融的意境。

设计师王伟将海宁市图书馆作为其"江南建筑三部曲"的最后一部，是其对江南建筑多年思考的呈现。面对国内大多数图书馆严谨而相对缺乏人情味和文化气息的困境，王伟在设计之初就想要将这座建在江南水乡、海宁城南的图书馆打造成一处地标性建筑，给予其地域及文化内涵，赋予其都市大型山水和现代江南韵味的意境，颠覆传统图书馆在人们心中的既定印象。设计通过街、巷、廊、桥、墙、洞等元素和传统造园手法，使用当代的形式、材料、色彩和技艺，构筑出一个形、意、情统一的当代文化建筑场所，为使用者创造美的体验，并直面江南建筑之美的本体内涵：灵动的变化和丰富的意境，而非固化的符号，非坡顶，非黑白，非瓦石，非低技。王伟的设计融入了现代感的江南韵味，取其意而不拘于形，将多彩的江南融于单纯的现代语汇中，虽单纯而江南却无处不在。

二、丰富视听体验，传递人性关怀

新的图书馆共有五层，从功能分区来看，第一层为文献借阅中心、24小时自助借还区、视障文献借阅区、少儿文献借阅区、亲子阅读区、查济民纪念馆和休闲吧；第二层设有报刊借阅中心和火谷画廊；第三层的多媒体服务中心内不仅设置了公共电子阅览室、视听区、新技术体验区，还设置了自修区室；第四层为古籍文化中心和读者沙龙；第五层为综合活动室、馆务办公区和培训区。

和其他的图书馆不太一样，海宁市图书馆新馆不仅拥有传统的借阅空间，还拥有多媒体阅览室和视听空间，集信息时代的功能于一身。新图书馆使读者能够享受更好的阅读环境和更多的视听体验，在功能内涵上综合了展示、培训、讲座、沙龙等更多社会文化需求。在这里，你可以点上一杯咖啡，听着美妙的音乐，享受高品质的生活乐趣，同时阅读着你喜欢的书籍。

图书馆中还设有一个专题阅览室，阅览室里摆放了关于海宁经济产业的书籍，如皮革、针织、纺织等，是海宁经济发展的"知识库"，诉说着海宁的奋斗史。与新馆合建的查济民纪念馆，展出了海宁籍著名实业家和慈善家查济民先生在世时的成就、物品、照片，宣传其爱国、创业伟大精神和为家乡海宁所作出的杰出贡献。

以阅读、生活、风景为主题，围绕着创造体验、创造生活、创造美的目标，图书馆的室内设计通过开放式多功能融合的布局、景观化情景化阅览空间、休闲家具样式、艺术化个性化装饰风格以及信息化借阅设施等营造适合当代生活方式、行为方式和多媒体时代阅览模式的功能内涵，室内贯彻了黑白、淡雅、彩色的色彩手法，深色的地面与淡雅的家具辅以鲜明的绿、紫等色调，营造了简洁明快、温馨舒适的氛围，为使用者提供时尚、清新、雅致、舒适的室内环境，还江南之美于细腻灵动的室内空间之中。

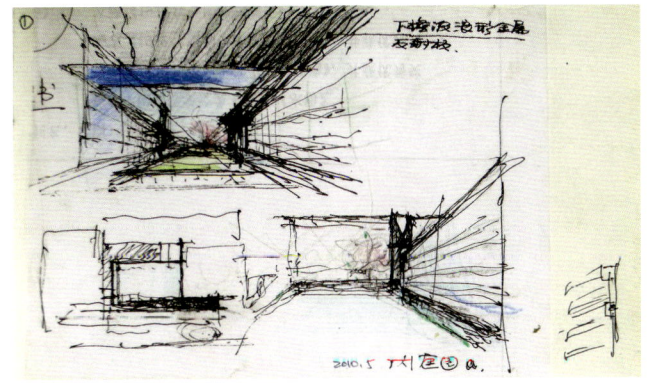 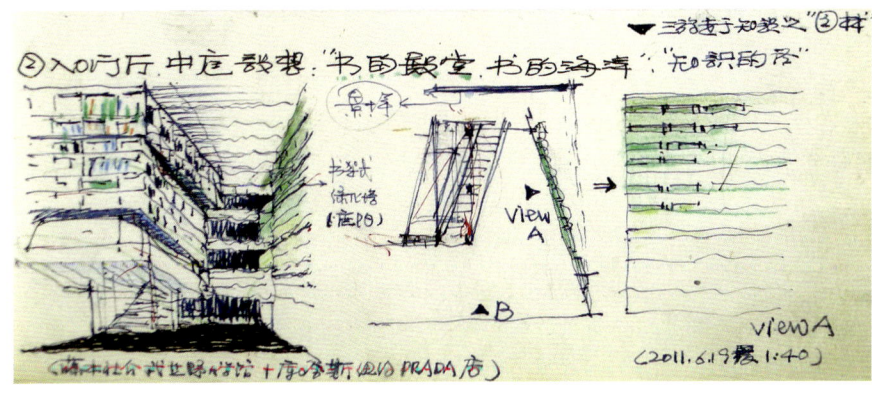

新图书馆在绿化景观布置上也做了精心设计和安排。新馆的东面是一大片植物观赏区域，由南向北依次布置了玉兰、丁香、梅花、樱花、桂花、紫薇、海棠、石榴、樱桃、山茶等十大主题植物观赏区，使得前来参观的阅览者可以在一年四季都能欣赏到多姿多彩的植物。一片水池被放在新馆的南面，深色的鹅卵石铺在水池底部，宁静的蓝色池水同静谧的白色建筑形成了有趣的对比，带来了几分灵动。池中栽种有竹子和梅花，轻易就把游客的思绪带入到"疏影横斜水清浅，暗香浮动月黄昏"的诗情画意之中，突出了新馆设计的文化内涵。

此外，新图书馆在节能设计上也十分出色。新馆采用了可自然采光通风的半地下室设计，减少人工照明，实现主动节能。结合海宁的气候特征，新馆采用了外墙外保温系统，大大减少了建筑的能源消耗，体现可持续发展的设计理念。新馆采用地上、地下两种停车方式，共有170个机动车车位和820个非机动车位，且地面停车为林荫式布置，可以和周边环境和谐相融。

公共图书馆是一个城市文化的重要象征，也是一个城市公共文化服务体系的重要构成。海宁是一个文化之邦，秉持凸显文化元素、着重打造文化综合体理念的海宁市图书馆新馆和查济民纪念馆的设计让人耳目一新。无论是建筑形体、空间还是装饰、绿化，新图书馆的设计中文化元素无处不在。新馆设计紧跟时代潮流，引进最新理念，不单单局限于传统图书功能，而是引入更多人性化的功能，如视听室、多媒体阅览、餐厅等元素，使得图书馆成为一个集阅读、会展、休闲、娱乐于一体的文化沙龙，成为市民阅读交流和学习的空间场所，弘扬了海宁市千百年来积淀的灿烂文化，是现代图书馆建筑设计的又一典范。

yellow
white Grey
Or: Bright Silver Grey
Grey Green
(→ Cool)
tint? ← Light
Grey Red purple
Grey Lake blue
White Grey
Light
Graphite
2010.10.21

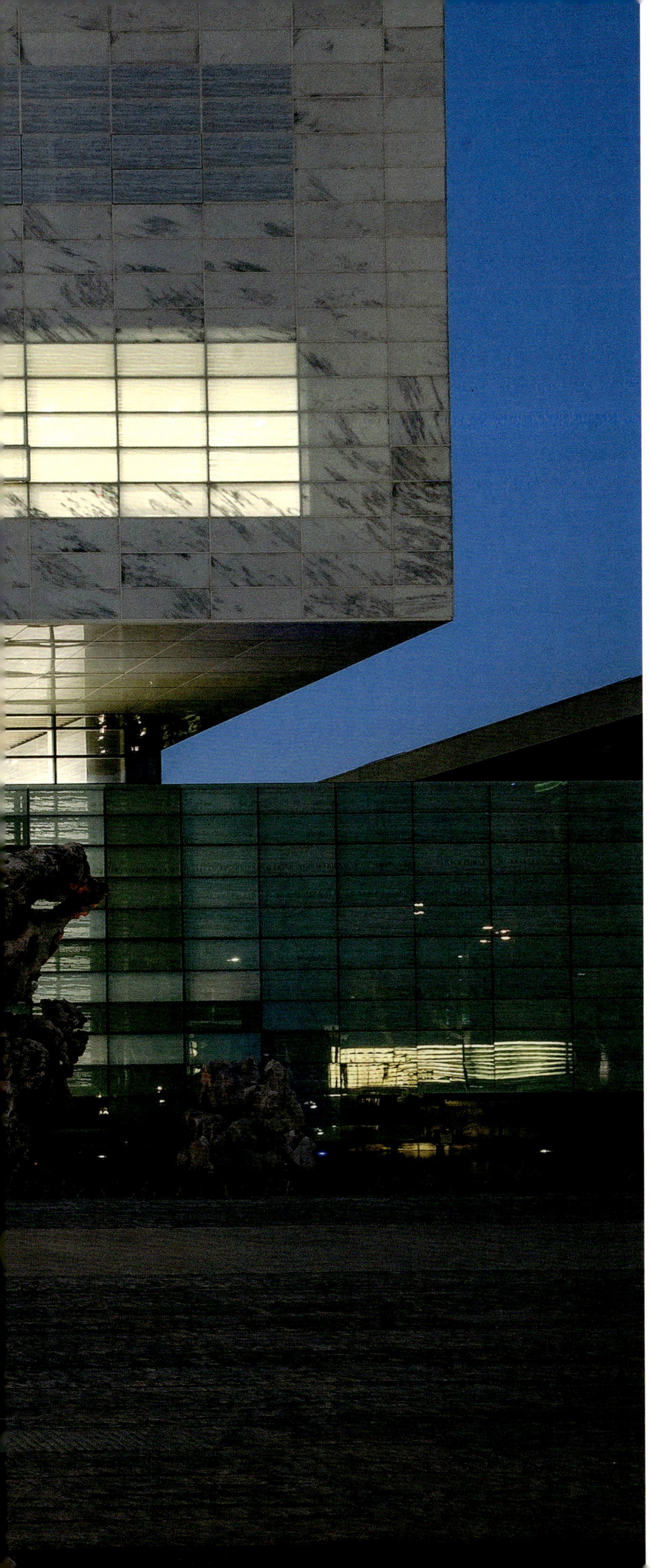

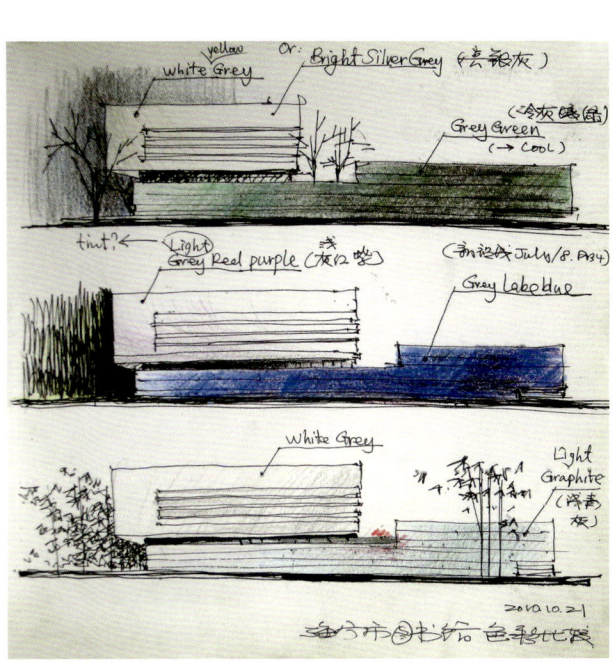

小空间、大教育：杭州市天长小学改建

所在地址：杭州湖滨

建筑面积：5000+ m²

设计时间：2015

—

杭州市天长小学位于西子湖畔，东坡路旁，隐于杭州核心文化商业区。这所占地仅9亩、建筑面积只有5千多m²的小学校，承担着为周边社区的八百多名低龄段儿童提供基础教育的任务。校园改建前的两栋教学楼分别建于20世纪70年代和90年代，在湖滨文化商贸旅游街区的改造提升完成后，校园老旧的形象已与街区割裂并形成了强烈的反差，校园本身落后的建筑布局和空间品质，如中走廊布置形式、教室面积小、采光不足、公共空间少，以及建筑质量的缺陷如房屋开裂等也极大地影响了正常教学，阻碍了新教育理念的施展。天长小学的改建正是在城市更新和教育变革的双重诉求中展开的。

一、保留童心，守护天真

在改建前的设计交流会上，天长小学的老师们表示对新校园最大的期望就是让孩子们在新学校里感觉到好玩。于是，"好玩"成了设计的一个重要切入点，设计一所城市里的好玩的学校，让孩子们在玩耍中可以探索、思考、学习、交流、成长，使孩子们能够喜欢上学校生活，在这个并不大的校园里寻找到乐趣，这一回归本源的理念构成了新校园形象和空间打造的基石。

在设计师王伟看来，自己的改造要"宁可存有未完之处，也不要完成了却是拙劣之作"。它得让孩子们是自由的，但不是疯玩的自由，而要把自由和限制转化。改造后的新校区面向一到三年级的孩子，年龄不超过10岁，那么他们一定是好玩的，没啥"规矩"的，而期待的世界，一定是好玩的。一切从孩子出发，找回初心是设计的核心理念。童年的校园是每个人梦开始的地方，那里有快乐的玩耍、单纯的童心、未知的好奇和自由的随性。设计师多次倾听校长、老师、家长、学生的建议，从保罗·克利、克里姆特、凡高等人的画中，从时代技艺和材料中汲取灵感，营造出各种适宜儿童活动的空间和场所，让每一个孩子找到童年的初心，建造出一个充满童话色彩的美丽新世界。

二、小小空间，大大胸怀

在"拆除重建一座、保留改建一座"的整体改建思路下，设计师对建于20世纪70年代的老教学楼重建的思路之一，就是将中走廊布局改为单边走廊布局。改造后的教学楼每一层靠走廊的一侧都是全透明的窗户，由此教室拥有了双面采光和开阔的景观视野。改造后的走廊被拓宽至6米，走廊一侧是用彩色渔网编制的书架，天花板上有蓝色的云朵。走廊中的柱子做成了树

干的形状，下面摆着各种动物的模型，极富童趣。6米宽的大走廊成为与课堂并重的多功能交流学习中心，游戏、阅读、交流、兴趣拓展以及阴雨天的室内体育活动都得以在此进行。在这个大空间里，孩子们可以交朋友、阅读、游戏，老师们也可以在此组织各种特殊课程的学习，如阅读课、活动课等。

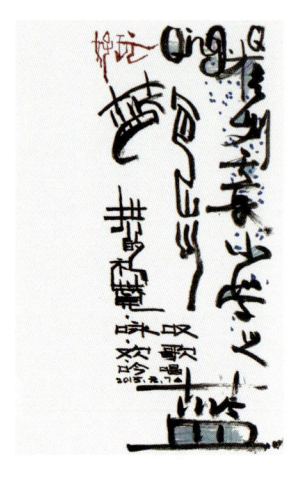

考虑到孩子们个别化的学习，设计师特别在每层教学楼设置了十来个留给孩子们的角落。这些角落可以是孩子沉思、观察、独处的地方，也可以是几个小伙伴聊天、游戏的地方，而且不是所有角落都暴露在老师眼下，在保证安全的情况下，孩子也可以有自己的时间和空间。这也是差异教育的一种环境设计样态，只有这样，孩子才能发现自我、认识他人。

此外走廊中还特别设计了一个用于演讲、朗诵的阶梯形小舞台。多功能走廊让教育不再局限在课堂上，而是随时随地发生。类似公共空间的打造是天长新校园设计的典型特色，如结合了演艺功能的入口门厅，新老教学楼的树林云朵主题阅读连廊等都强化了公共空间的教育价值。

学校地处西湖边黄金地段，场地有限，但校园空间、活动却可以向外部环境延伸。比如学校在进行东坡文化课程学习时，有很大一部分利用到了学校周边的场所，比如长生路、东坡路和西湖等，有时候老师上体育课也会带学生们去西湖边，并利用附近的社区资源。校园虽小，但与周边"融为一体"，虽在小空间，也有大胸怀。

三、创新材料，梦幻色彩

一所校园整体形象和氛围的营造离不开形式语言、色彩和材料这些基本的构成要素。天长小学保留建筑的外墙上有很多半圆拱形元素，这一贴合儿童心理的圆润的符号化形态启发设计师去探索用拱形语言打造一个整体性的校园。改建设计中拱形语言贯穿平面、造型、室内、景观、家具、陈设、导识等所有的内容，创造了活泼新颖的视觉体验，构建了"好玩"的建筑空间。

蓝色是天长的主题色，在色彩的运用上，设计师摒弃了单一色彩的生硬做法，通过对蓝色调的衍生，从而形成蓝绿、蓝白、蓝紫等既有协调又有对比的丰富色彩组合，材料和家具色彩都在这个体系内演化。

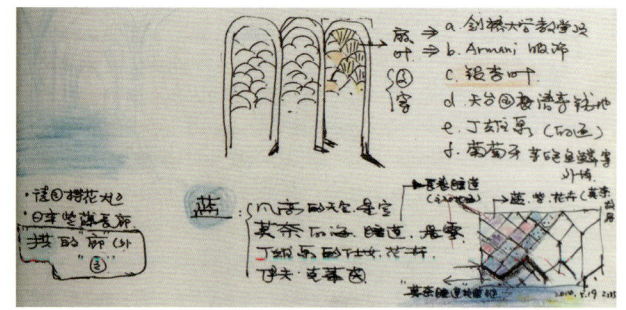

校区改建一直把环保作为重中之重，使用到的材料绝大多数是进口和最环保的材料。学校周边建筑多为使用青砖和石材的厚重的民国风格，对于具有明快而灵动特点的小学则不合适。经过探索和多次试验比较，最后主要材料选用了轻盈透明的合成材料并做印刷处理，教学楼的墙面用的是新型的环保材料生态树脂板，自重轻、透光性好，有丰富的颜色；教室天花板采用了吸音石膏板，没有回音，听课效果更好。教学楼墙面加入了钢架结构，融入蓝色和拱门的元素，隐藏在蓝紫色的外立面中，还有篆书的"天长"二字。拱形符号、蓝色主题色和轻质外墙材料的运用赋予天长鲜明的属性特征，也带给儿童一个连续无差异的童话世界。

四、延续记忆，回望传统

在"好玩"的理念之外，设计师也保留了一些能够传承学校历史记忆的东西。在改建项目的建筑策略上，它延续了改建前的记忆，同时极大提高了其空间质量。比如"天长蓝"、改造前学校里的拱形元素等。原校园蓝色主题色和拱形元素是两个主题，梦的蓝紫色彩，变幻的拱形语言贯穿于整个设计中。一系列的蓝紫色有不同的意味，代表天长小学，也代表浙江的颜色，海的颜色，河湾的颜色……

天长小学临近东坡路，围绕着东坡文化的国学课程是天长的特色。设计师在设计校园时，也将对传统文化的现代理解融入其中。在营造国学氛围上，采用了以艺术的方式含蓄的展现，即将苏东坡的诗《饮湖上初晴后雨》"水光潋滟晴方好，山色空蒙雨亦奇。欲把西湖比西子，淡妆浓抹总相宜"的书法作品用透光人造石雕刻，以巨幅书画的形式面向东坡路，成为城市的人文风景；此外保留教学楼走廊的吊顶，一至四层分别雕刻生肖、梅兰竹菊、书法、印章等不同题材，让国学的熏陶无处不在。传统文化不是非要在古色古香中才能传达，也可以用现代儿童的视角去体会。

在这个袖珍型校园里，每一处空间的细化设计都显得弥足珍贵，而设计灵感往往来自于设计之外：生活的行为、其他门类的艺术、自然的启示、现场的感受等。星空音乐殿堂拱形走廊、追梦蓝庭入口门厅、鹿鸣蓝野阅读走廊等情景空间的设计参考了大树形成的拱、自然界中的丛林、凡高的星空画等；多功能厅立面和彩色漂浮吊顶受蒙德里安色彩构成的启发；保留教学楼走廊灵动的铺装则受卡洛·斯卡帕作品的影响；室外的线性铺装来自于荷兰乌得勒支的一处地形的流水形肌理；银杏叶艺术墙的设计灵感来自于现场保留的几棵银杏树，秋天蓝紫色的建筑和金黄色的银杏叶形成绚丽的对比；而绳编书架则由会打毛衣的工人手工编织而成。

天长小学的改建设计运用了场景、绘画、编织、雕刻等多种手法，营造出适宜儿童活动的空间和场所，但无论设计语言如何丰富，设计指向却始终清晰。所有的色彩、材料、构成均烘托一个"蓝色山水"的主题。所有的形态、造型、空间、质地、氛围、设施、尺度均服务于学童。所有的巧思、营造、时代、地域文化、情怀均为构建一个校园场所。天长小学的改建工程充分体现了设计师对职业、创作和教育理念的高远追求，体现了对学校建筑功能和形式的创新，是文化传承和美学意义的高度融合。

对话风景：杭州英科隆生物技术研发中心设计

所在地址：杭州余杭

建筑面积：14000m²

设计时间：2005—2009

杭州英科隆生物技术研发中心设计项目的场地坐落于杭州西部郊外七里村芝麻坞的一个僻静山谷中。设计师在初探现场时，基地周围仍然保留着质朴天然的乡野特征，仅有一条贯穿场地东西、曲折狭窄的村间公路与外部相连，城市文明的触角尚未伸及于此。基地原先是当地村里一座废弃的奶牛场，几排低矮破败的单层坡顶建筑横卧于成排平行、密植高耸的水杉丛之间，视野所及之处，成排的围合状整齐如军营式的树群、漫山绵延的低矮的竹林、葱茏青翠的茶园、四季盛开的各色野花、原生态的池塘，是一幅优美恬静的田园图卷。要在这样一个独具自然景观特色的地方建造一所具备"现代功能"的生物技术研发中心，在满足建筑功能的基本前提下，从一开始建筑师设计的重心和着力点就被强烈地导向于如何与场地环境对话、如何塑造出与环境融合的建筑之中。

一、天人合一，物我一体

在中国传统的审美情境中，一直崇尚"师法自然"与"天人合一"的理念。我们自古就把山水自然作为审美的标准，评价园林设计的最高境界是"虽由人作，宛自天开"，对建筑的要求也不只限于建筑自身的优雅美丽，更要求与整体环境的协调统一。在中国传统语境里，建筑并非是惟一的主角，而是隐匿在山水中的一部分，二者互相交融、和谐共生。而现代建筑的发展却往往过度强调"建筑中心化"，要把建筑独立于自然之外，建筑与环境产生了对抗关系。作为中国美术学院风景建筑设计研究院的总建筑师，在王伟看来，建筑、自然界与人三者是需要互动的。生活在建筑中的人可以观察一棵树的生长，雨水的浸润下地砖缝里滋生的青苔，在这种日常活动中参与自然，见证建筑的生命状态呈现，从而忽略外在条件，与整个环境融为一体，这种真实性是建筑的生命体现。望着场地上那些即将逝去的斑驳残缺的废墟，伴着山、水、树、草地、野花以及破碎的水泥路显露的红土、闲散的牛羊鸡鸭，这一切在建筑师脑海中交织溶解，呈现了一个微观世界的完整的自然生命景象，于是王伟试图通过这场"废旧扬新"的建造，去重新塑造与这风景融合的新建筑生命。

1. 形体呼应

英科隆项目六座建筑的整体布局是对场地保留杉树林的应对和对地势变化的顺导，体现对环境的尊重。建筑虽然形态各异，但都与山坡地势有着或明或暗的呼应，自南向北，始于"山形"，终于"山态"。自地势最高处引水而入的池塘及弯曲的水系，配合着或转折、或蜿蜒、或起伏、或盘旋的单体态势，或以桥廊穿溪而过，或轻轻架空，凌于水塘之上，于山野间平添一份灵性。建筑巧妙地和山体结合，或依山、或靠山、或嵌入，这是一种对场地积极回应的关系。建筑本身的体量虽大，但设计师独具匠心地采取了化整为零、把形体空间单元打碎的策略，让建筑的屋顶随着山地丘陵的变化而起伏，于是建筑有机地融入场所之中，成为与环境和谐相处、因地制宜的群体。

2. 空间渗透

建筑体态根据周围山势做了折线形表达，创造出很多介乎于室内和室外之间的空间。大量的空间从灰空间引入到建筑内部，不仅体现在行走过程中，也体现在空间的转换和空间的场所体验中。老子云："当其无，有室之用。"建筑与院落、外界空间与室内空间相互融通，使外界的自然环境与室内的环境有机地连为一体。比如宿舍楼被分解成小单元，单元中有开放的天井，自然风能穿入其中，使得建筑局部的气候环境更加凉爽，减少了能源消耗，也拉近人与自然的关系。在英科隆项目中，邻里空间的对话、建筑与环境的对话贯穿始终，设计师通过各种手法消除建筑与环境的边界，创造出一种与自然有机联结的建筑。漫步其中，处处能够感受到建筑师有意为之的"放松"。

二、场所精神，在地建筑

建筑地域性是当下热门的话题，地域主义是指建筑吸收本地的、民族的或民俗的风格，使现代建筑中体现出地方的特定风格。作为一种富有当代性的创作倾向或流派，它其实是来源于传统的地方主义或乡土主义，是建筑中的一种方言或者说是民间风格。但在提到地域性的时候，建筑师往往会从中国的传统建筑形式以及传统的工法和材料中去找关系。在英科隆项目中，建筑师并没有用传统的瓦片或是砖去对应和传统之间的关系，却清楚展现了其尊重环境的态度和立场。地域性是需要建筑师考虑如何在现有的状况下和环境相协调并解决使用者的功能需求，而不是单纯回到古人的状态。过去的建筑形式是当时条件和技术所限下的产物，并不能很好满足现代人的需求。

1. 材料映射

在项目资金不宽裕的情况下，建筑师选择采用低技、低造价的方法，但依然创作出一种空间上的美。建筑主要使用了四种材料：玻璃钢、钢材、玻璃、水泥，每种材料的使用和加工都经过长时间细致的思考。不同的建筑材料能给使用者和观赏者带来不同的乐趣和情感，是当代建筑语言很重要的一部分，优秀的建筑设计就是用高度艺术气质的方式处理材料和工艺，然后在建筑上完美地呈现出来。英科隆项目充满当代的建筑语言和处理方式，半透明的网，渐变的色彩，不同质感的水泥等，墙上、窗上、屋顶上有着不同材料的"树影"的暗示——水杉或竹林的影像，竖向波形的FRP+内衬穿孔板、深浅疏密树形图案网印的玻璃、拉条的彩色水泥、石子、不同线型的水彩"笔触"……这一切呈现得既朦胧又深远，是强烈而传统的、烟雨朦胧的江南水乡意象。

在材料的表达上，建筑师花费了一番巧思，虽然使用的是非常刚性的材料，但表达的是一种非常柔和的关系。立面的玻璃通过反射、映射表达和周围自然环境的关系；水泥表达外墙界面的关系，对水杉的形态和颜色相适应的处理，通过不同材料的镶嵌，使水泥材料变得更加柔和、可触摸，呈现出和自然亲和的状态。建筑师不为"技"所缚，而是让"技"表达建筑师对自然的感悟，让建筑消隐在一片和谐自然之中。

2. 色彩交融

英科隆项目六座建筑色彩各异，或灰白、或黄绿、或蓝紫、或褐红，抑或赭紫，分别对应着不同的季节，或对比或和谐。将类似绘画的形式运用到建筑施工上是一种创新，目的是尽量消减建筑本身巨大的体量带来的生硬感，以期达到与场地环境、空间地景共生相融的效果。以墙面上、屋顶上彩色水泥加玻璃碎片，玻璃纤维板加内衬穿孔网，饰以深浅疏密不一的树形图案的印刷玻璃，表达与山、水、树或对比、或协同、或映射的关系，伴以季节的更替，经受雾、光、风、阴、雨、晴的变化，与自然同步。相同的形态，各异的色彩；相同的材料，各异的工艺；精致与粗犷，轻灵与厚重，和谐地交织在一起。

三、城市文脉，江南意象

江南，意为长江之南，在人文地理概念中特指长江中下游以南区域。被描述为"人间天堂"的杭州始终位属江南重镇，正所谓"江南忆，最忆是杭州"。千百年来，江南水乡沿袭着粉墙黛瓦、小桥流水、曲巷幽弄等诸多与自然融合的人居面貌和建筑形式，展现了这片土地特有的风土情怀。无论是庭院深深的民居，亦或别有洞天的私家园林，无不体现着温婉、秀丽、雅致的气质。所谓意象，是中国古典美学的核心范畴之一，老子、庄子先后提出"观物取象""立象以尽意"等命题，以后历代美学家对这一范畴不断完善与发展，形成了一套完整的中国意象说。

建造完成的英科隆生物技术研发中心，如果在某个湿润雾濛的雨后来到现场，你会看到当初那山、水、树仍在，只是色彩渐变，园中的水泥石子路面已成，水已在池间流动，草地悄然生长，宿舍楼折叠的"竹象"窗或开或闭，如同绿色的屏风；科研楼飞架廊桥，密林状钢构丛后透过的是沾着雾气的油画或者水彩般色泽的杉群与竹林；还有那连绵起伏的坡状折体、"虚幻"的墙体、舒展的"山形"屋檐，那半开敞的小院、狭长的巷道、打开的"天井"；那流水、静山，那水泥石子彩色墙上镶嵌碎玻璃的迷离色彩与映射、FRP与击孔彩色钢板合成的幕墙前朦胧的影像，那烟雨中的消隐，那架空的轻灵，那临水的意味……这一切就像雾中的江南，平淡、含蓄、清灵又空濛。

英科隆项目从设计到建造完成历时六年，建筑师一直处在"苛刻"的限制（建筑景观共1500元/m²）与极大的"自由"（时间、形式、材料、定夺权……）之间。当中国大量的建筑师在关注市场、形式、潮流的时候，还有像王伟这样的建筑师在关注建筑本身的建造、技术、工艺以及建筑与场地的对话。以写作的方式思考"建筑"，以绘画的方法"构建"景象，以"建筑"的方式营造"自然"。通过建筑形态与地形的呼应与对比，立面色彩与植物的协调或反衬，建筑材料与环境的映射与呈现，用空间的渗透或打开、体量的轻盈或厚重来表达与山、水、树或"控制"、或关联、或"争斗"、或融合的演绎。英科隆项目对话风景的方式是变幻、相融、窃窃私语、若即若离、消隐或呈现、顺从或对比、朦胧或清晰。一切的"技术"呈现出精致与粗犷、虚幻与厚重、拙笨与灵巧、渐变与穿插、并置与分离的"艺象"，都只意在诠释"齐一"的"自然"理念。旧日的风景和如今的六座建筑融合成为一个新的生命，"建筑"为山，"风景"（自然）为水，抑或"建筑"为水，"风景"为山。阳刚和阴柔，其实已不分彼此，"山""水"总是相依，"建筑"只在自然中。

陈夏未
Chen Xiawei

中国美术学院风景建筑设计研究总院有限公司第四综合设计院总建筑师
国家一级注册建筑师
高级工程师
作品获得美国Architizer A+Awards酒店类大奖
入围WAF世界建筑节、WAN世界建筑新闻奖等重要奖项

尊重历史人文与场地特征，注重逻辑分析，让建筑自然、诗意地生长于其所处的环境中，最终通过建筑这个媒介表达一种态度和思想。

从"富春山水"到"富春山居":
杭州富春开元芳草地乡村酒店设计

所在地址:杭州建德梅城

建筑面积:20000 m²

设计时间:2016—2018

当下,由于用地紧张导致城市向山地拓展。山地建筑的营造是一个综合性的研究课题,需要多个专业的结合与支持,也是一个符合时代发展需求的命题。山地建筑具有很强的特殊性与局限性,有地形、地貌、功能等多方面的约束,给创作增加难度,不能单纯地采用平地建筑的设计思维与方法进行创作;但也正是这种地形的特殊性,为丰富建筑的空间层次和创造独特风貌提供了有利条件。在山地建筑研究中,有两个重要的问题导向,一是如何使建筑在不破坏原有生态和城市肌理的前提下与原始地貌形态契合;二是如何在保留原有城市价值的同时,对城市文化进行再塑造。陈夏未及创作团队设计的杭州富春开元芳草地乡村酒店就是在试图回应这两个问题。

一、缘起:现代富春山居图

杭州富春开元芳草地乡村酒店项目位于富春江畔的乌石滩,梅城古镇东约五公里处,场地为山溪冲积而下形成的河滩地,整体呈三角形,中心汇成一片碧湖。从地块内向外看去,富春江江面辽阔,远处连绵起伏的山脉向两端延伸,给人无尽的想象。若从富春江对岸看去,该地块与连绵起伏的乌龙山脉、富春江共同构成了一幅绝美的流动画卷,宛如一幅现代版的《富春山居图》。项目要求在这里建设规模约20000m²的酒店,以此来带动当地旅游和乡村振兴,成为杭州三江两湖黄金旅游线上的一颗明珠。

场地自然资源丰富,既有平地、水岸、缓坡、陡坡等多种地形特征,又有富春江、湖、溪流等水的形态,还有该场地所特有的历史人文,"几乎具备了做好项目的一切先天条件"。设计团队所面临的重要课题是山地建筑与生态保护,以及如何使20000m²建筑体量有机地融入山水之间。

陈夏未通过采取理性的、符合逻辑的手法,像绘画一样做设计,把建筑"种"在山里,"飘"在水上,将建筑镶嵌在青山绿水中,使其自然、诗意地生长于所处的环境,与场地内外的水面、山脉共同构成一幅诗意的画卷。行到水穷处,坐看云起时,漫步其中,建筑、树林、江湖、溪流、明月等元素都能在步移景异中轻松构景成画,而人则在山水中栖居,蛙声中入眠,鸟鸣中晨醒,体验大自然,呈现出诗意画卷中的乡村度假酒店。

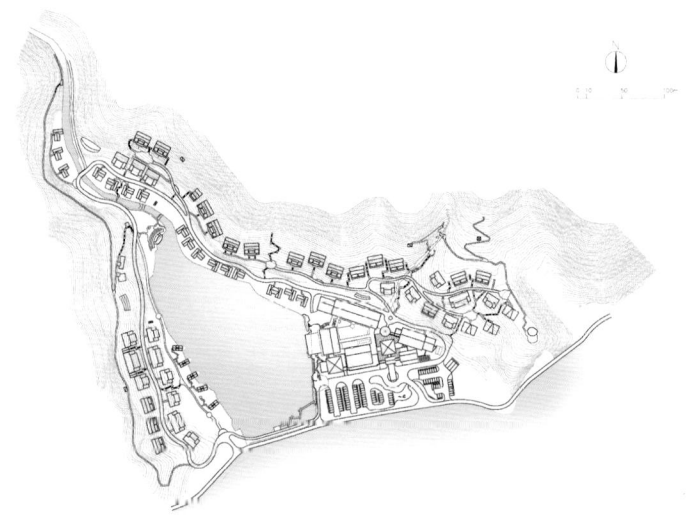

二、让建筑生长在山林里

1. 道路先行与生态保护

在山地建筑的规划与设计中，道路的设置至关重要。设计团队在项目实施过程中采用道路先行的措施，先在整个用地的平地上设置了一条环形道路，解决酒店的基本交通，然后在坡地上设置支线，支线坡度不超过8%。道路设置因地制宜，尊重当地的地貌，尽可能减少土方开挖，少做挡墙。兼顾各单体建筑，确保人行道结合地形合理设置，道路到客房，用小径和台阶来衔接，到达个别客房可能需要走30m左右野趣十足的步道。建筑为树让路，现场大树均予保留，有些成为建筑庭院和露台的一部分，实在困难的，则取消建筑。土方及修路过程中产生的石块以及现场原有石头都被重新利用，用于路边挡墙和铺地，就地取材，有效利用，大大减少了垃圾外运，既兼顾了使用需求，也保护了生态环境。道路先行的措施，使项目用地的边界线与环境的神态得以保留，也方便了施工作业面的全面开展。

项目采用源自欧洲的微生态滤床，是人工建造的、可控制的和工程化的湿地生态系统，生活污水经过系统处理后，回用于绿化灌溉、道路清洗等用途，形成了生态小循环。

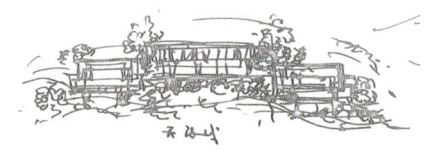

2. 合理结构形式与现场定位

山地建筑结构因基础的不等高接地而与常规建筑结构存在较大差异。由于场地的多样性与复杂性，陈夏未采用了不同的结构形式，平地部分采用人工挖孔桩，并采用传统的钢筋混凝土建造方式；坡地建筑采用吊脚楼做法，做完独立基础后，不对场地做其他土方处理，上部建筑用轻钢现场组装，大大减少了现场土方工程和湿作业；山地建筑采用独立基础，考虑后期材料运输，上部采用装配式建造方式，对场地保护起到了积极作用；滨水的建筑采用重木装配建造方式。所有建筑±00标高现场定位，最大限度地减少对自然生态的破坏。

同时结合地形环境的特殊性，运用错层、跌落、悬挑、吊脚、架空等各种接地策略，不仅节省了建筑用地和成本，扩充了建筑使用空间，提高了建筑水平基面的利用率，而且减少土方，保持水土，减少了对原地貌的破坏与干扰。

3. 建筑的选材与布置

在建筑选材方面，不同的处理方式回应不同的场地特征，不追求统一风格。临水客房采用茅草屋的亲水性，外墙采用仿夯土涂料，与大地协调。山中客房采用多种色彩的红雪松木挂板作为外饰面，与山林为伴。木饰面的天然属性保持了自然界应有的色差，有效避免了一眼望去因单一而产生的与山体的违和感，让建筑自然地生长在山林里。

陈夏未在创作时考虑的不仅仅是建筑本身，而是系统考虑建筑与整个山地环境的关系，一切建筑空间的存在实际上只是整个山体形态构成的一个有机元素，是山地自然地貌的一种延续。建筑依山就势，高高低低，呈现出若隐若现的感觉，从而获得较为丰富的景观层次。在规划布局上，设计团队有意化解主楼体量，突出滨水的特色客房船屋。沿湖面呈现一条隐形的公共轴，串联餐厅、健身房、儿童区域、大堂。大堂处于项目用地"偏心"的位置，巧妙地处理了其与上游山体和下游富春江的关系。不突兀、不呆板是陈夏未与设计团队对建筑形态的期望，最终他们根据平地、缓坡、陡坡、滨水四种场地类型，发展出十种以上的客房模块，以组团为单位，依山就势，有机散落在水岸山林。这与设计师之前所做的杭州开元森泊度假乐园之"星立方"的创作手法具有一致性。L型户型避免天际线单调性，天际线与内外景交融，统一的大玻璃、大露台，将山景、溪景、湖景、江景充分映入，而若隐若现的建筑则融合于山水，形成"酒店中的风景，风景中的酒店"的独特景观。

三、地域文化与场所精神

设计师通过严谨的道路逻辑、建筑逻辑，与选材和天际轮廓的创造，营造了一种建筑在山林中生长的意境。该项目的另一个亮点是他对当地历史人文的挖掘与演绎。明初至清中期几百年间，这里生活着一个水上部落——"九姓渔民"，形成了独有的船居文化。特色客房"船屋"的概念与形态，即源自当地的这个古老风俗。五艘船屋横斜在树冠之间，船身三分之二飘在湖面上，轻盈灵动。

作为酒店客房，船屋也成为当下一种独特的居住体验。船屋采用木结构体系，是场地环境的需要，也是对传统蓬船同宗同源的延续。结构构件由工厂预制后再现场组装，船屋主体由插入湖底淤泥的钢管桩提供支撑。施工现场无湿作业，无扬尘，清洁简单高效，是保护生态环境的最佳建造方式。

拱形的船身结构，由四组三铰拱木拱梁通过五根圆木连接为整体，每组三铰拱由左右两个对称半拱吊装拼接，而每个半拱又由两道11cm宽的北美花旗松胶合拱梁组合成，拱顶的小交叉真实反应拱结构的对接特征。采用三铰拱的形式，避免了木材因过度弯曲而产生超限的应力。整个屋面系统保持在拱梁的厚度之中，内部红雪松挂板使用水性清漆保持原木纹理和触感，外部使用了三种尺寸的红雪松木瓦上下微错的铺装方式，质感自然。中间顶部设置天窗成为室内的景框，天光树影共徘徊，时而有飞鸟掠过。船头整面落地窗，即使坐在沙发上亦可感受烟波浩瀚，站上延伸至湖面的超大露台，靠着麻绳网栏杆，凭栏远眺，野旷天低树，夜幕降临，江清月近人。拱空间天生的方向性，引导了结构的序列和节奏，建筑内外清晰可见拱梁和圆木构成的完整结构体系。显而易见的结构逻辑和去装饰化设计，展现建筑的结构美学和空间张力。

江南之美，甲于天下。乌龙山泉汇聚而成烟渚湖，湖面如镜倒映船拱，比天空还要宁静，躺在船屋中，望着星空入睡，是何等之美，和着雨声入眠，又是何等之空灵！春水碧于天，画船听雨眠，是尘世中的诗意栖居。建筑的介入让整个生态再平衡，而人的介入，让富春山水走向富春山居。

四、入乎其内,出乎其外

陈夏未是一位实践型建筑师,他尊重历史人文与场地特征,注重逻辑分析,认为建筑是设计师表达态度和思想的媒介。在中国美术学院风景建筑设计研究总院有限公司工作近七年,他把体制比作"塔",认为风景院为他提供了开放、自由的创作环境与灵活的体制,在这里各专业之间的交流有利于相互理解和渗透。这种既有自由度,又有完善的体制和资质,恰如"塔下"的感觉,他戏称自己的工作状态为"塔下"的徘徊。体制内会受到很多约束和限制,完全脱离体制在"塔外"散步,这种状态又做不到,他并没有像一般人那样对所处的环境抱怨,而是寻求了一个平衡点,"塔下"徘徊,既在塔下,又能在塔外,"入乎其内,出乎其外"是他一直所追求的境界。

和其他建筑师一样,他所面临的困惑是各种规范限制、结构设备专业的支持、业主的各种要求、业主和施工单位的执行力以及建筑师如何把控完成度。他找到的对策就是做"小建筑",有利于避开前四项的限制,并锻炼建筑师对项目的把控完成度。从他近些年所做的设计实践可以看出他的这种思考,如杭州水山街89号改造、安吉山川乡村记忆馆、杭州富春开元芳草地乡村酒店、杭州开元森泊度假乐园之"星立方"与"鸟览居"等。

在"小建筑"的实践中,他形成了一种独特的设计方法与思路,提倡去符号化与建筑的在地性。他追求几条平衡线,第一条线是设计始于对场地的感知和分析,特色的选址利于激发一种创作直觉,基于对场地的分析与思辨,赋予合理的建筑功能和形式,所用手法背后都呈现一种合理的逻辑思维,这是最主要的一条平衡线;第二条线是追求历史人文,这个不一定有,隐藏得深一点,不是为了做而做;第三条线是人参与进去,表达自我的观点和对项目的理解,通过分析项目的地貌、场地、人文,最终表达置身其中享受场地带来的特性,呈现的状态是这个建筑仿佛应该长在这个地方,在其他场地就不成立,目的是让建筑与环境和谐统一。

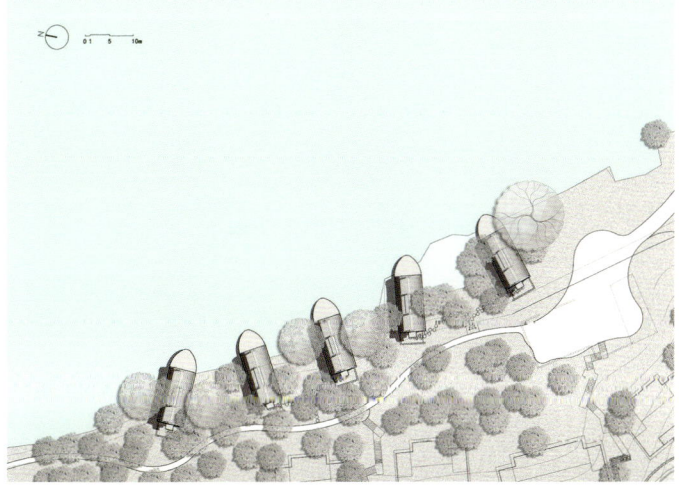

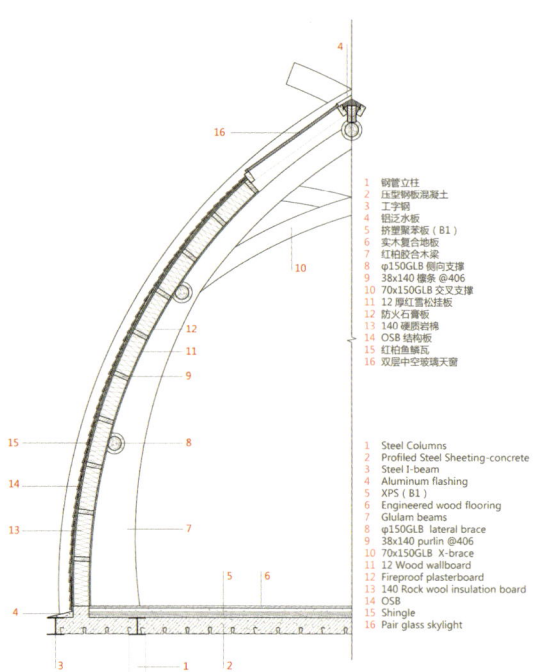

1	钢管立柱
2	压型钢板混凝土
3	工字钢
4	铝泛水板
5	挤塑聚苯板（B1）
6	实木复合地板
7	红柏胶合木梁
8	φ150GLB 侧向支撑
9	38x140 檩条 @406
10	70x150GLB 交叉支撑
11	12 厚红雪松挂板
12	防火石膏板
13	140 硬质岩棉
14	OSB 结构板
15	红柏鱼鳞瓦
16	双层中空玻璃天窗

1	Steel Columns
2	Profiled Steel Sheeting-concrete
3	Steel I-beam
4	Aluminum flashing
5	XPS（B1）
6	Engineered wood flooring
7	Glulam beams
8	φ150GLB lateral brace
9	38x140 purlin @406
10	70x150GLB X-brace
11	12 Wood wallboard
12	Fireproof plasterboard
13	140 Rock wool insulation board
14	OSB
15	Shingle
16	Pair glass skylight

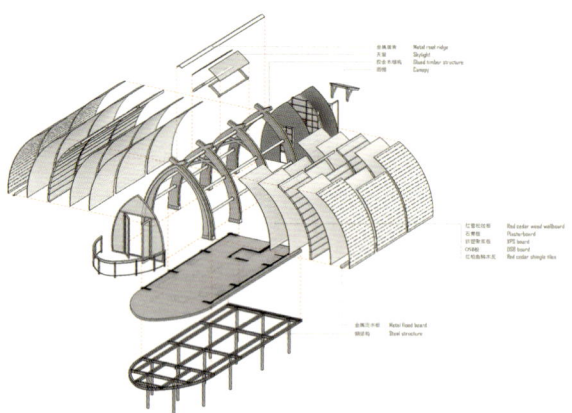

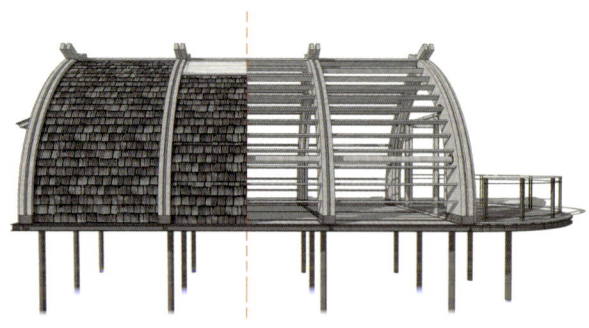

李大伟
Li Dawei

中国美术学院风景建筑设计研究总院有限公司总建筑师
第一综合设计院院长
正高级工程师
第九届中国青年建筑师奖获得者

中国建筑文化绵延千年，儒道相济、天人合一，不管是老子在《道德经》中提出的有无相生的哲学思想，还是儒家的尚中崇德，都为建筑设计提供了深厚的哲学基础和美学内涵。

现代建筑设计在考虑功能与时俱进的情况下，也要融入传统元素精髓，以展现中国建筑师的文化自信。同时景观、室内和公共艺术设计需要同步考虑，全方位烘托建筑氛围，最终打磨出一个经典的建筑作品。

感性建筑，理性思考：
白马湖生态创意城动漫广场设计

所在地址：杭州滨江

建筑面积：209876.27 m²

设计时间：2008

白马湖生态创意城动漫广场位于白马湖生态创意城的核心区域，呈三角状地形，是集研发、展览、办公、会议与商务服务为一体的建筑群，是"中国国际动漫节"永久主展场。设计师统筹考虑意境文化的表达、产业面貌的集聚以及对场所环境的关注，通过对建筑外观、建筑材料、内部空间等的设计与创新，实现了感性建筑的理性思考。

一、意境文化的表达

1. 山水之城

山无水不美，水无山不秀。"山水城市"是从中国传统的山水自然观、天人合一哲学观基础上提出的城市构想，也是近年兴起的理想生活模式，旨在把城市营建在自然山水中，让自然山水融化在城市生活里，城市建筑和自然山水融为一体。

杭州的历史，贯穿了中国传统山水文化的精神和理念。"三面环山一面城""杭州以湖山胜"……历来的名人雅士对杭州的赞美无一不是对杭州山水的标榜，因为有了这独擅天然之美的山水地理才造就了杭州的自然、历史、人文，产生了杭州城市特有的园林、建筑、艺术和城市的特质。在杭州城市文化传统中，围绕山水展开的探讨与营造从未间断。受山水长久浸濡，使得杭州城市渗透出特有的乐山悦水的文人气质。

如果脱离城市环境来看白马湖生态创意城动漫广场的建筑，我们可能难以理解这参差不齐的建筑、奇特多变的形态，但是当把它置放在冠山脚下，就会发现，此组建筑仿佛早就存在于这个地方，它与周围的一切和谐共生。建筑体之间高低起伏、疏密有致，建筑群与水岸相谐、进退有变，营造出层峦叠嶂的意境。成簇的一、二层底层建筑散落在各组团主体建筑间，恰似群山溪流之间的山野村落，丰富了建筑群的层次感。建筑师的工作不是发明创造，而是通过建筑对社会文化进行诠释、延续、发展。白马湖生态创意城动漫广场整体设计无论视觉形象还是空间意向都表现出了山水之城的意境，这既是与冠山山水场所的融合，也是对杭州人文山水的呼应。

2. 动漫之都

一个建筑的意境可以从多方面呈现。设计师在表达在地文化的同时，也

颇为注重功能性意境的烘托。白马湖生态创意城动漫广场作为"中国国际动漫节"永久主展场，在确定表现山水之城意境的基调之后，设计师借鉴动漫产业的形象制作方式进行建筑群的外形设计，赋予建筑群以动漫的传奇色彩。

通过传统故事、神话情节的抽象处理，提取其文化内涵，融合成一个具有多元文化内涵的象征符号。其一是蓬莱仙境，蓬莱是传说中远离世俗的仙境，寄托了民间长生不老的美好想象。文人墨客多将其描绘成富丽堂皇的人间帝王的宫室殿宇，例如《太平广记》中记载的"其物禽兽尽白，而黄金银为宫阙""其宫皆金银，花木楼殿""金楼玉堂，森列天表"……白马湖生态创意城动漫广场选用金色作为主色调装饰建筑外表，以喻金碧辉煌的宫阙；配以玻璃墙面，宛若不可胜数的珠宝；加之山形的建筑形态，生动描绘出琼楼玉宇的蓬莱仙境。其二是排马之势，相传春秋末期吴王夫差在此排兵布阵，攻打越王勾践。在建筑总体设计中，借助动漫形象的抽象手法来概括建筑组团的群体排列方式与单体形象特征，既再现了群山，也隐喻了"排兵布阵"的战船概念形象。

动漫是"想象"的现实世界，白马湖生态创意城动漫广场是现实世界中的"想象"，设计师用建筑语言让我们感受到动漫传奇浪漫的气质。

二、产业面貌的集聚

1. 三大功能分区

建筑群依据三大组团的不同功能属性，分别占据三角形基地的三个角，构成相互支撑的鼎立之势：

研发孵化中心，包括创意动漫产业研发办公、交流展示用房以及管理服务配套用房。该组团位于地块的南部区块，有大小高低不一的五幢楼组成，景观视线良好。离北部城区较远，为地块内闹中取静的区域。相对独立，适宜营造安静的创业办公环境。

会议展览中心，包括展厅、会议、信息中心、新闻中心及服务配套用房。该组团位于地块西北部，两面临街，位置显著，交通便利，符合会展功能的特性。该组团的功能特性赋予建筑造型以较大的自由度，成为独具特色的标志性建筑。

酒店服务中心，包括产业集团总部、商务宾馆与会所、配套商业与中介服务机构。该组团位于地块的东北角，由大小高低不一的三幢楼组成，充分利用其与北侧城区接壤的优势，营造便利丰富的服务环境。

在三大功能组团的共同作用下,白马湖生态创意城动漫广场已逐步形成了以动漫游戏、文化会展、设计服务、文化旅游为特色,集研发、生产、休闲、居住、商贸多功能为一体的文化创意产业聚集区。

2. 因功能需要而创新

功能是一座建筑的灵魂,是建筑设计师首要考虑的因素。白马湖生态创意城动漫广场的首要功能是作为"中国国际动漫节"主会场,这除了要求它在形态上表达出动漫气息,更重要的是动漫展览功能上的满足。

十多年前的杭州,并无大型会展中心,像动漫节这类大型展览只能在萧山建一个临时展场展出,白马湖生态创意城动漫广场当时的目标就是要建造一座属于杭州自己的高标准会展中心。在会展中心主体建筑的设计中,考虑到动漫展览通常会有较高的动漫展品,设计师采用了大跨度预应力梁,同时增加层高。第一层高达11米,其上也都是八九米的层高,基本满足了普通动漫展览的空间需求。但动漫展览的特殊性决定了偶尔也会出现一些超高展品,为此设计师在一层的中庭做了通高处理。同时针对大小不同的展览,可以将一层的隔墙任意组合,规划出满足不同展览需求的空间格局。

白马湖生态创意城动漫广场建成近十年来,除了"中国国际动漫节","杭州文化创意产业博览会""杭州国际设计节""杭州国际照明展览会"等均在此成功举办,已经成为目前杭州规模最大、功能最全的专业性展馆之一。

三、场所环境的关注

1. 生态幕墙

白马湖生态创意城动漫广场的主体建筑均采用双层呼吸式幕墙,即由内外两层玻璃幕墙构成,内外墙之间形成一个相对封闭的空气流动空间,空气由内墙下部进风口进入内外墙之间的空间,再由内墙上部的出风口将空气排出,通过进风口与出风口之间的空气流动,实现内外墙之间的热量交换,达到节能的目的,因此也被称为"会呼吸的幕墙"。这种幕墙通过内外墙之间的空气流动,使内层幕墙的温度接近室内温度,减少温差,在采暖制冷时能节约50%左右的能源,是当代建筑节能的典型代表。除此之外,外立面幕墙部分采用烤漆玻璃,部分配以实面墙,有效减少了玻璃幕墙的光污染,解决了环保问题。同时呼吸式幕墙避免了直接开窗而导致的强风直吹,为处在"山水之境"的白马湖生态创意城动漫广场平添了一份"轻风微微拂面"的诗意。

但由于呼吸式幕墙的造价比较高,选择呼吸式幕墙会给项目工程造成巨大的资金投入,例如当时中石油大厦建造时,其双层呼吸式幕墙造价很高,这是一般项目难以承受的。为了降低幕墙建造成本,设计师带领团队自主研发,通过对其他呼吸式幕墙项目的考察、总结,进行一系列模拟计算,在综合保障幕墙使用功能、使用安全的基础上,将幕墙成本降低至中石油大厦幕墙成本的五分之一,不仅实现了建筑的经济性,更促进了呼吸式幕墙的推广与使用,推动了当代节能建筑的发展。

2. 建筑色彩

色彩在建筑外观设计中有着非常重要的地位，不仅能美化建筑外形，还能提高建筑识别度。在中国传统色彩观念中，金黄色是象征富贵、华丽、权势及宗教的色彩，从汉武帝炼金以求长生不老，到佛家对金色的推崇，再到古代服饰中的各种织金技术，金色一直是时尚与地位的象征，人们对它的喜爱从未间断。

但随着近代审美观念的转变，对低饱和度色彩的推崇，加之金色与财富不可分割的关系，人们习惯性地对金色持以偏见，认为难免落俗。因此，设计师在大胆选用金色作为建筑群主色调的同时，也通过一系列设计手法使其免于俗套：

其一是玻璃墙面的搭配使用。相较于《人民日报》新大楼、北京金泉时代等金色建筑，白马湖生态创意城动漫广场没有将金色作为建筑的惟一色彩，而是搭配无透明玻璃幕墙及部分透明彩色玻璃，既不影响金色的主体地位，又使建筑整体色彩柔和。

其二是微色差的色彩设计。整体建筑呈现金色，但每一单体建筑、每一檐口的颜色都有差别。考虑到在不同天气环境、不同时间段中光波长短不同对色彩的影响，各个单体建筑的金色或是偏绿调，或是偏红调，亦或是偏蓝调，在阳光下显得整体而又富于变化，为人们提供了视觉上完美的享受。同时结合建筑外形与倒影，展现了生态创意城"金彩辉映、多元互动、山水连绵、相映成趣"的色彩主旋律。

四、感性建筑，理性思考

建筑不仅仅是设计师自我情感或想象的表达，更是对各种问题的思考与回应。目前很多城市出现的不良建筑，大多是不良设计方法导致，究其根本就是没有处理好感性和理性的关系。很多建筑都偏于感性，存在过于形式化的问题，将建筑造型作为设计的出发点，而未与实用结合，对建筑的功能性和经济性考虑不足，故而导致造型与功能脱节，既增加了不必要的经济负担，更为使用带来诸多不便。

当代建筑的发展方向已不能用单方面的标准去衡量，而应从感性和理性两方面去看待，要追求感性与理性的调和，追求"感性"的设计作品中包含"理性"的设计逻辑。感性是设计师的情感表达与意境烘托，转化在建筑中就是建筑的艺术性。白马湖生态创意城动漫广场从其形态看，是一件充满感性色彩的建筑艺术作品，既传承了山水人文的文化脉络，又融合了蓬莱仙岛、排马之势的传奇色彩，以山水绘画的意境，写意简练的水墨动漫手法，塑造出一幅隽永的建筑山水画卷。理性是建筑设计思维中的逻辑性，包括建筑的逻辑性、建造过程的逻辑性、建筑使用的逻辑性。白马湖生态创意城动漫广场是当时乃至目前都较为高规格的会展中心，解决了杭州大型会展的场地问题，并配以酒店、办公区，建立了完整的文化创意产业发展的配套设施；自主研发经济型双层呼吸式幕墙，以节约有效的方式构建绿色生态建筑；造型的新颖与功能的实用完美融合，奇异的山石形建筑并未影响功能使用，设计师通过合理划分内空间，充分满足功能需求……白马湖生态创意城动漫广场真正做到了感性建筑，理性思考。

时代高速发展对建筑的要求将会越来越高，建筑设计既需要源于感性的艺术化呈现，也需要基于理性的逻辑思考。通过建筑解决现实存在的问题，同时诠释社会文化的发展，满足人们的审美文化需求，才是未来建筑发展的一大趋势。

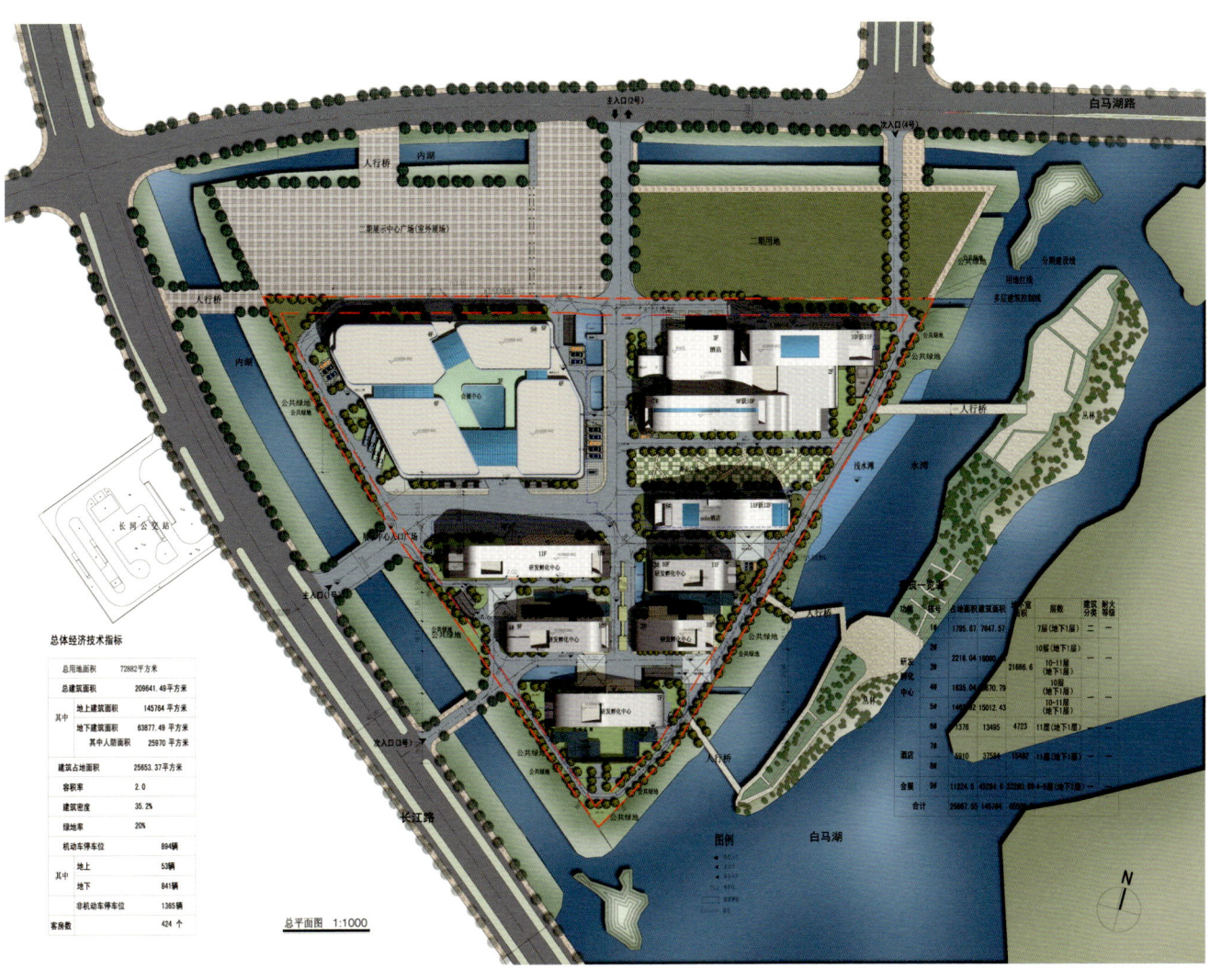

孙科峰
Sun Kefeng

中国美术学院风景建筑设计研究总院有限公司教师分院院长
中国美术学院建筑艺术学院副教授，博士、硕士生导师
国家一级注册建筑师
杭州在地建筑设计事务所（LAD）创始人/主持建筑师

用当时的材料，当时的营造方式，来建造当时的建筑。

有限自我循环的城市街区：
"贝达梦工场"建筑、景观设计

所在地址：杭州未来科技城

建筑面积：103000 m²

设计时间：2014—2016

一、设计背景

"贝达梦工场"地处杭州西部的"未来科技城"。"未来科技城"是国家级科技城，同时也是浙江省高素质人才的聚居地，聚集了大量科技创新产业。"梦工场"为大健康产业孵化园区，其完整产业链包括大健康领域风险投资基金、创新服务及研发、生产、销售外包服务等。产业链所指向的园区功能设置包括办公空间、生物医药专业实验室空间、商业配套空间、人居空间及各类人性化休闲娱乐功能空间。

"梦工场"占据一个完整的小街区，周边的街区在尺度和功能定位上较为雷同。同时，"未来科技城"紧邻西溪湿地公园，为保护西溪湿地天际轮廓线，其周边一百余平方公里内新建建筑有限高控制。"梦工场"所处区域为一级景观控制区的边缘，海拔限高为50m，以确保从西溪湿地任何位置眺望都不会看见建筑物露出林冠线，限高的规定实现了身处西溪湿地，满眼都是绿色的视觉效果。街区尺度、功能定位趋同，容易造成城市功能配置的单一性，降低城市活力；而建筑限高的控制，在一定程度上容易造成该区域城市意向的单调和乏味，影响城市空间的可识别性。

二、设计思考线索

综上所述，多样化功能载体的设置，街区与城市互生互动关系的建立，各类人性化场所空间的营造，以及建筑群落识别性的提高等方面成为设计过程中不可回避的问题，或者说设计的思考线索。

1. 多样化功能载体的设置

"梦工场"的功能可定义为由商务驱动的城市综合体，与传统的商务办公区相较，功能设置更为多元化，使用时段从工作时间趋于24小时全天候，事实上，这个小小的街区从功能配置上已经成为可以有限自我循环的缩微城市。

其主体功能办公及研发部分，设置孵化器、加速器、总部办公三个层级的办公及研发空间，对应不同体量的建筑单体，其中孵化器与加速器一般为中小型初创阶段的企业，设于高层办公楼内，由多家企业共用一幢办公单体或者一层办公空间。总部办公为后期成熟企业，设置于体量较小的六个玻璃盒子内，具有较强的独立性。

西南侧的高层单体设置了与创新创业相结合的新型居住功能，是对整个街区24小时全天候使用的重要补充，同时也是其自我循环的重要环节。

街区的综合服务功能更为多元化。包括为园区运营服务的一站式进驻服务、物业管理，为入驻企业提供的共享会议、展示、实验平台，为入驻人员提供的各类生活、商业配套设施，这些配套设置在外围建筑的底层及二层，并且通过二层连廊串连，形成环状系统均布于整个街区。园区最大尺度的空间设置于地下一层，为宽16m、长66m的无柱空间，沿西侧长边为宽度超过五米的通廊，东侧长边面向下沉庭院，通过落地玻璃与户外场地产生互动。大尺度无柱空间配合宽阔的通廊及下沉庭院，可以承载大人流量的宴会、展示等配套功能。

2. 街区与城市互生互动关系的建立

"梦工场"所在城市区域街区尺度、功能定位趋同，容易造成城市功能配置的单一性，因此街区与城市互生互动关系的充分建立，加强街区内部与城市的相互渗透，对于提升城市活力显得尤为重要。

建筑单体围绕街区布置，在空间形态上形成明确的街区内部空间，建立了内部领域。形成领域的同时，与城市的相互渗透则是通过不同尺度、不同进入方式的横向及纵向通廊将人与车导入街区内部，这些通廊也是街区重要节点的连接线以及街区内部的主要人行动线。

高层建筑单体通过主门厅同时面向两个方向开放，一面朝向外部的街道空间，另一面朝向内部的领域空间，这些门厅使封闭的建筑空间形态通过动线实现了建筑界面的开放性。围合的建筑单体形成外部及内部两套环状连续界面，这些界面一二层功能设置为商业配套、各类园区服务配套、各类企业共享及展示空间等，这些互动性较强的内外环界面通过建筑门厅及通廊的联系成为整体，它们一起成为街区与城市互生互动关系建立的载体。内环界面通过联系高层建筑单体的二层连廊串起配套及共享空间，连廊的存在形成了可以遮风避雨的漫游灰空间，强化了界面的连续性及导入性。东侧外环界面三幢多层建筑单体在街道形成架空层，与原本单一而连续的一层沿街建筑构成了生动而富于变化的街道空间。

3. 人性化场所空间体系的营造

"梦工场"总体布局由四栋高度49m的10层单体和三栋4层单体围合而成，不同高度的建筑单体除了带来街景的起伏，还围合出不同尺度的内部空间。

西区为三栋高层所围合的较大尺度的矩形场地，场地自西向东形成南北向带状的开放空间，包括绿植区、下沉庭院、静水面。绿植区是园区内大型乔木的集中种植区，两条纵向木栈道穿林而过，这些乔木从空间形态上也成为高层建筑的前景，缓解了高层建筑对街区内部场所的压迫，成为建筑与场地的过渡层次。下沉庭院是整个街区内部场所的核心和视觉焦点，下沉的场地界面使其天然地具备聚集人流的空间属性，设计的出发点也在于对这一属性的强化，下沉庭院西侧长边相邻的负一层空间利用下沉庭院获得与地上建筑等同的采光面，这部分功能空间在结构上加大柱距，设置上翻梁，形成拥有较高净高的无柱大空间，适用于会议、宴会等公共服务功能，这些人流量较大的公共空间与下沉庭院可以产生充分的互动；下沉庭院东侧界面为长度超过60m的水景墙，联系地面的廊桥坡道沿水景墙逐步上升，一片竹林穿插其间，在从下沉庭院到地面的游走过程中，充满了趣味，同时，水景墙、廊桥、竹林共同构筑了引人入胜的视觉焦点。静水面紧邻下沉庭院而设，其西侧长边向下沉庭院落水形成水景墙，东侧沿南北向通廊展开，辅以小型乔木置于水面穿插造景。东区由多层建筑围合出若干小尺度宅间庭院，庭院通过多层建筑底层架空层联系成一个整体，所形成的是相对亲人的停留性空间。

高度不同的建筑边界与不同尺度、标高及属性的场地共同为使用者提供了充满变化的多层次户外活动空间，并且通过多样化的步行通道串连成连续的漫游系统，首先是连廊系统，连廊连接四幢高层建筑，将设置于一层和二层的公共配套及共享空间联系成为整体。其次是地面漫游系统，包括三条纵向和三条横向步行通道，纵向步道为穿越绿植区的木栈道，贯通园区南北的宽阔的纵向通廊以及东侧穿行于宅间绿化及小庭院的步道；横向步道中最具吸引力的则是位于街区中部的东西向主轴步行通道，通道宽度为8m，起始于绿植区，穿越绿植区后以玻璃桥面的形式跨过下沉庭院，最后游过静水面，到达纵向通廊。

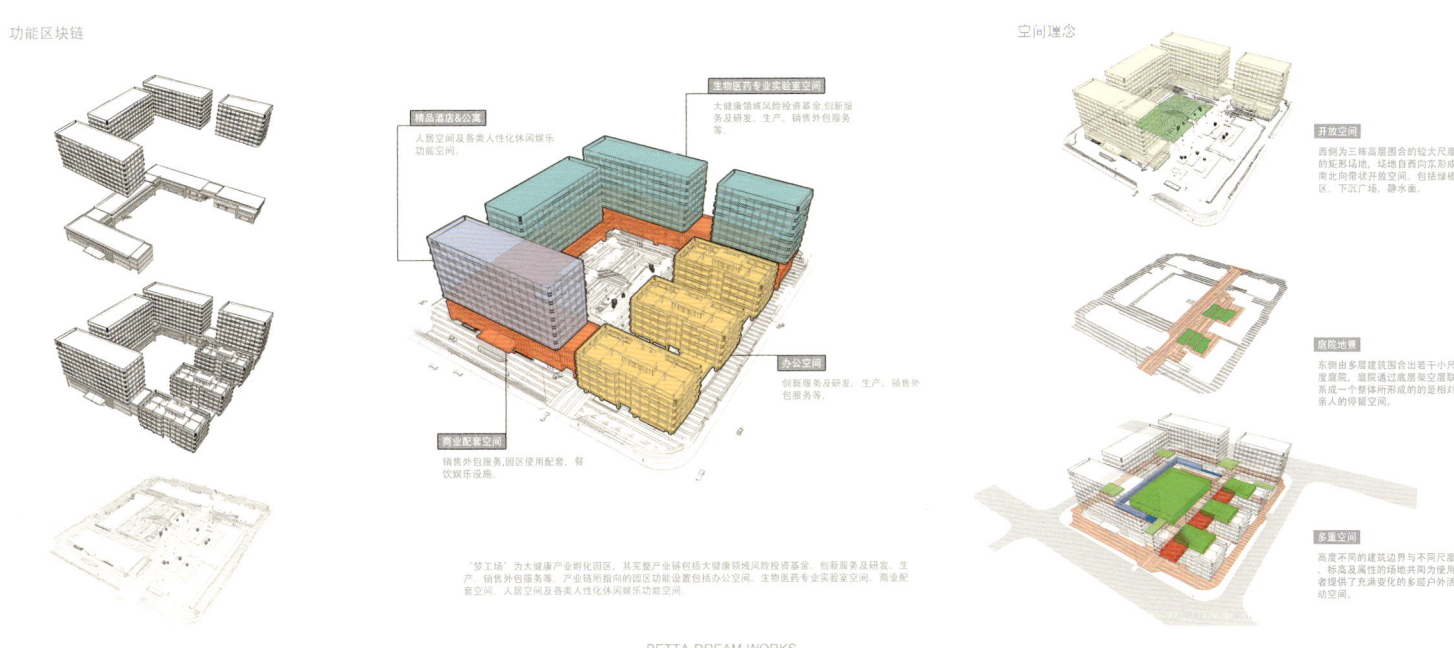

BETTA DREAM WORKS
贝达梦工场

从二层连廊，地面漫游系统，到下沉庭院，设计通过街区内多平台多层次的户外活动场所，将多元化的功能置于各类开放的空间载体中，从而营造出富有人性化的多样性场所空间体系。

4. 建筑群落识别性的提高

由于建筑限高的控制，在一定程度上容易造成该区域城市意向的单调和乏味，影响城市空间的可识别性。

提高建筑群落的识别度，首先是通过建筑表皮来提升建筑群落的识别性。建筑表皮采用玻璃幕墙作为主体，玻璃幕墙通过扭转的水平线条形成丰富多变的建筑表皮，而如此丰富的水平线条组合只是巧妙地通过一个出现在不同位置的三维扭转的连接件来实现，除去这个工厂预制的三维连接件，其余构成水平线条的幕墙金属构件均为易于加工的标准件。建筑的多功能需求对玻璃幕墙的竖向分割提出了一定的要求，设计中以4.2m开间这一最小标准分割单元为基础，每一开间的幕墙玻璃被竖向分割成宽度0.6m的开启窗和宽度3.6m的固定玻璃，保证每一最小单元中有可开启的窗扇，同时室内空间使用者可以透过宽3.6m、高2.4m的落地玻璃获得没有任何实体遮挡的向外眺望视线。

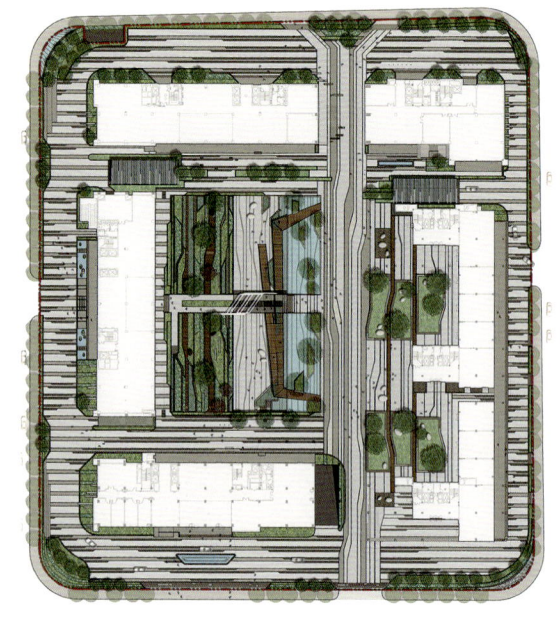

其次在室外空间景观设计中，延续玻璃幕墙水平线条的折形几何造型元素，作为景观设计的造型母体，衍生出基于这个几何造型元素的各种景观要素，包括硬质铺装的铺贴方式，下沉庭院水景墙的铺贴分割方式，绿植区的平面分割形态，各种花坛及水池的造型，下沉庭院廊桥造型，构筑物造型等。室外景观要素对于几何元素的重复，使建筑表皮的独特形态得以强调和延续，整体呈现出高识别性的街区形象。

"贝达梦工场"投入使用以来，设计中多样化功能载体的设置，街区与城市互生互动关系的建立，各类人性化场所空间的营造，以及建筑群落识别性的提高，为后期招商、运营建立了充分的优势和便利，形成了各功能业态互动互补的良性循环。已入驻园区的除了作为主流业态的各类高科技生物医药类企业，还包括多样的工作、生活配套——面对下沉广场的大空间入驻各类餐饮，利用广场设置户外客座；沿二层连廊入驻大型健身房，健身活动可延伸至户外连廊空间；小型特色幼儿园入驻至四层单体，利用四层单体小尺度宅院空间院落、架空层、屋顶形成各类户外活动场所。一个可以有限自我循环的城市街区随着多样业态的入驻逐步形成。

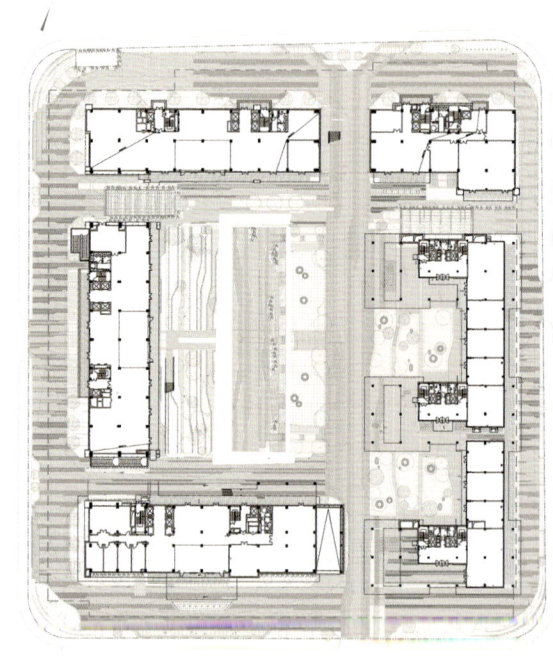

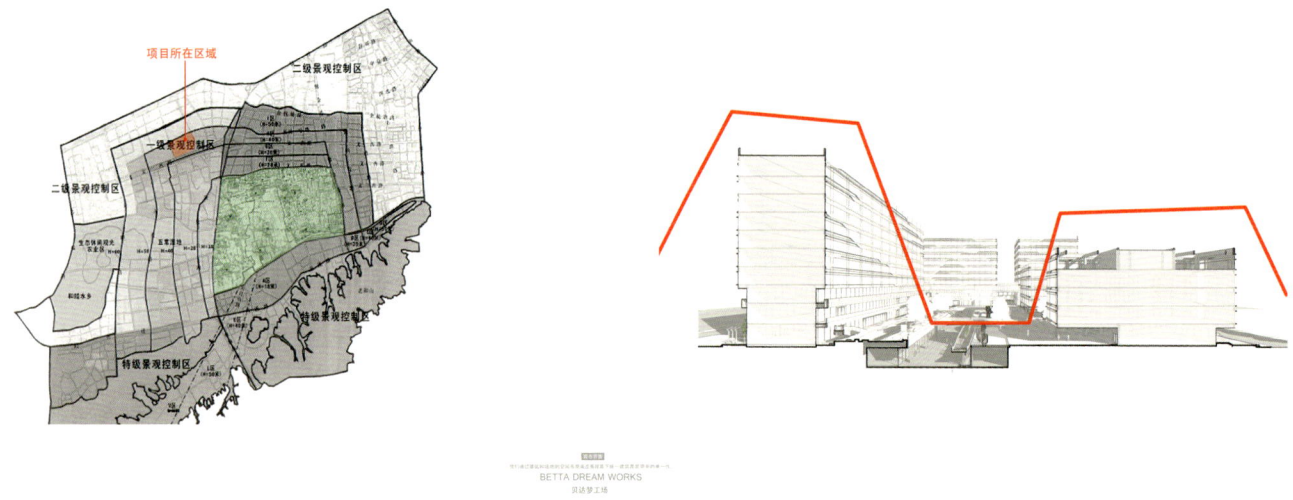

BETTA DREAM WORKS
贝达梦工场

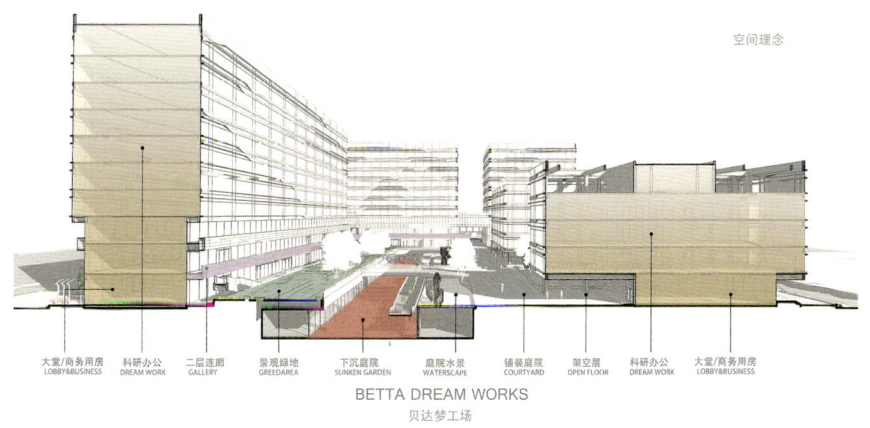

空间理念

| 大堂/商务用房 | 科研办公 | 二层连廊 | 景观绿地 | 下沉庭院 | 庭院水景 | 铺装庭院 | 架空层 | 科研办公 | 大堂/商务用房 |
| LOBBY&BUSINESS | DREAM WORK | GALLERY | GREEDAREA | SUNKEN GARDEN | WATERSCAPE | COURTYARD | OPEN FLOOR | DREAM WORK | LOBBY&BUSINESS |

BETTA DREAM WORKS
贝达梦工场

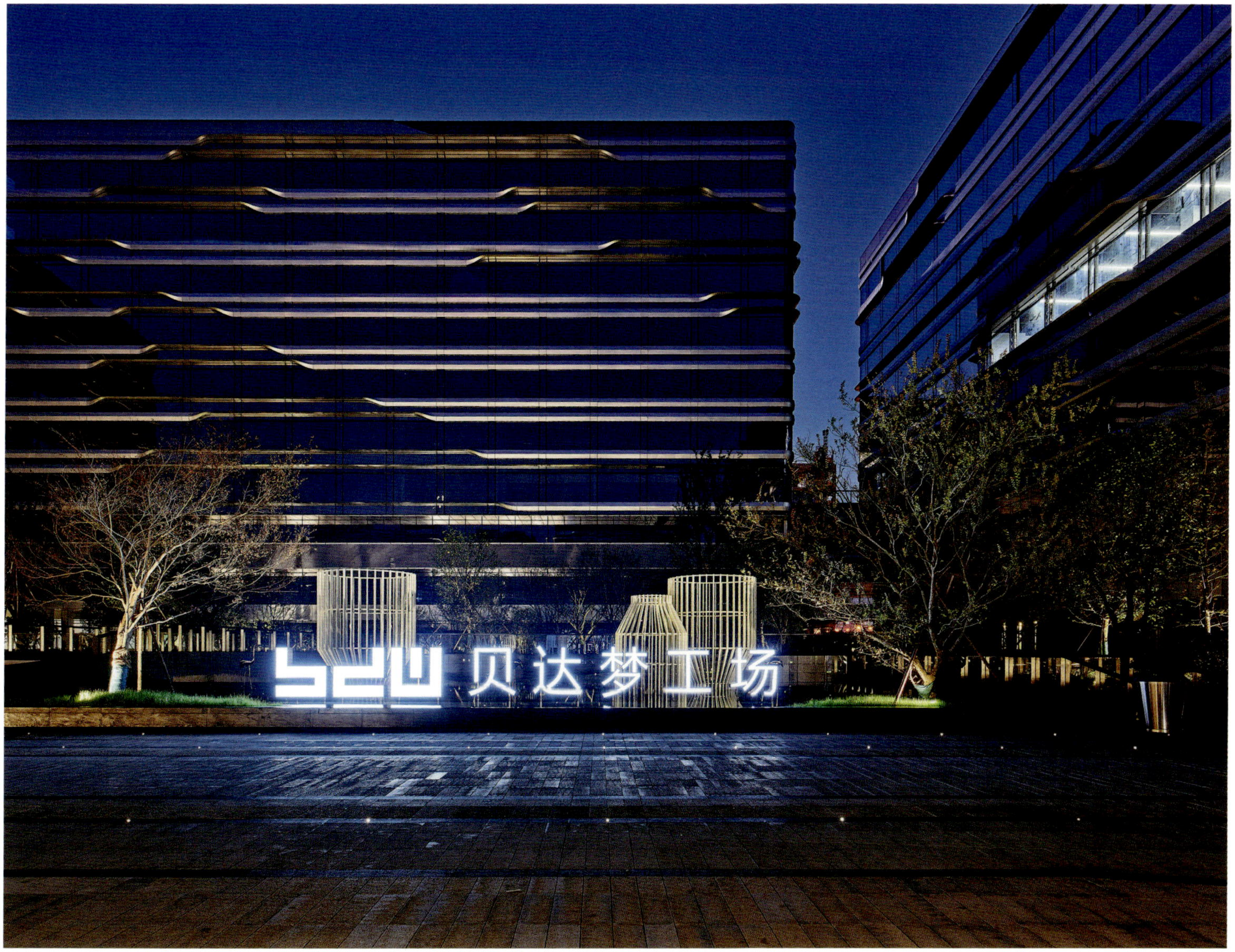

谢 天
Xie Tian

中国美术学院风景建筑设计研究总院有限公司室内与陈设艺术研究院院长
中国美术学院副教授
中国美术学院国艺城市设计研究院院长
浙江亚厦设计研究院院长
中国建筑装饰协会设计委员会副会长
中国饭店协会装修设计委员会专家委员
中国房地产协会商业地产研究会研究员
中国澳门国际设计联合会副会长
浙江省创意设计协会副会长
2014（首届）中国设计年度人物

设计是一种唤醒，更是一种超越！

作为现代文化的创造者与传播者，设计师应该具备高于大众的社会责任感和文化使命感，应在"引导"与"迎合"中取得良性的平衡，而不是随波逐流，在追逐商业利益的过程中迷失方向。塑造一种经典的文化精神与归属感在这个消费主义至上和流行文化泛滥的时代显得尤为重要。

地域文化和民族文化在今天比往常更必须成为"世界文化"的地方性折射。

设计不仅仅是对地域文化和民族历史情感的唤醒，更是对现有生活价值的超越和对生命本质意义的回归。

记忆的再造：上海民生现代美术馆设计

所在地址：上海静安

建筑面积：7000 m²

设计时间：2018—2019

随着城市的现代化进程日益加快，城市功能由原来的工业聚集区向新兴的信息、服务等产业转变。大量工业厂区外迁，留下了许多废弃的工业厂房。从2000年左右开始，改造旧工业园区和旧厂房建筑，进而将其打造为城市创意文化中心，成为国内城市设计更新的一大亮点。北京798艺术区是国内较早的城市旧工业厂区再生的成功实践，引发了设计行业对旧工业厂区再生设计的热烈讨论。经过近二十年的发展，国内在旧工业遗迹的保护再利用上已经积累了相当多的经验。如何在旧建筑和新功能之间找到一个恰切的平衡点，可能是设计师更为关注的问题。上海民生现代美术馆改造项目在这方面做了有益的探索。

一、适度的改造

1. 外立面改造

上海民生现代美术馆位于上海静安新业坊园区内，整个园区为原上海冶金矿山机械厂旧址，与北京798艺术区的原生环境相似，是"大跃进"时代的保护性老厂房建筑。通过设计师的努力，旧厂房成功转型为公益美术馆，沉睡的旧厂房因美术馆重新焕发生机，展开了一场现代文化产业与工业历史的隔空对话。

在上海民生现代美术馆的项目设计中，包含了外立面改造与室内结构改造两个部分。在外立面改造的部分，设计师本着保护建筑基本面貌的想法，没有采取大规模的改建，而是对外立面的屋顶线条进行了小范围的改动。原有的外立面线条呈现波浪形的折线，具有明显的规律性，设计师将其中一条折线交叉处延长，打破原有的节奏，提升了整个外立面给人带来的视觉冲击力，同时旧厂房建筑的记忆也得到保留与升华。改造后的外立面更具有现代感和艺术气息，其最终效果也对室内设计风格作出了回应。线条上的细微改动，使建筑外观与室内结构融为一体，取得了意想不到的效果。

2. 保护性拆除

在室内结构改造中，设计师进行了充分和深入的设计思考。对室内结构的改造分为两个部分，首先是对原有工业厂房结构的保护性拆除，然后进行美术馆空间所需新设备的安装与新技术的引进，同时室内结构的再设计也是本次项目的技术难点。

对原有工业厂房结构的保护性拆除非常具有挑战性。例如，原有砖墙是保护性建筑的一部分，本着保护砖墙结构的目的，设计师以"嫁接"的理念为指导，使新的室内结构能够更好依附于建筑墙面的同时又不造成对原墙

面的损坏。但这样的设计实现具有较大难度，要求新的室内结构不能与原结构直接产生受力关系，设计师及其团队通过多次的技术性讨论与尝试，最终采取一种剥离受力点的处理方式，使力量直接落地，避开与墙面直接受力，巧妙地解决了这一关键性的技术难题。同时，设计师通过精心的管线设计，将空调、消防、监控、网络等系统和设备隐藏于新旧墙面的间隔处和屋顶区域，确保了美术馆空间功能的完整性。

3. 可持续的设计

由于设计师本人在瑞士伯尔尼应用科技大学曾有两年的学习经历，并以"建筑可持续性研究"为课题展开研究，因此设计师在建筑的可持续性设计方面颇有心得。在经手的多个室内设计项目中，多数为改造型项目。设计师非常注意在设计过程中对旧材料的回收与利用以及使用再生周期更短的材料，比如竹子等。在不影响项目最终效果的基础上，以身作则地强调环境保护，致力于减少资源浪费，充分体现设计师的职业道德。

上海民生现代美术馆项目亦是如此。美术馆的室内设备等不直接受力于墙壁，一旦美术馆需要进行整体性的迁移，不会造成对旧厂房建筑的破坏，也能够减少资源浪费和建筑垃圾的产生。可持续的设计为旧厂房建筑增添了新的色彩，为美术馆空间提供了更多可能性，更是呼应记忆再造的主题，不是简单的"推倒重来"，背后体现了成熟的设计思考与职业担当。

二、隐去的设计

1. 知白守黑，空色有无

设计师以理性、克制的设计思考完成了美术馆"隐去的设计"，所谓"隐去"，是将匠心的处理不着痕迹地融入场所之中，不可或缺又不喧宾夺主。"知白守黑"一语来自于《老子·道德经》。由白到黑，展现了色彩的无穷性，更是诠释了美术的无穷性。同时，黑与白的对比，也体现了一种"静守观望"的艺术态度，即"风起于青萍之末，止于草莽之间"，体现了艺术从不知觉处产生，发展澎湃热烈，却又终归于平静的过程。设计师使用包容性极强的黑白配色，不同的艺术品都能在此之间找到其独有的坐标。

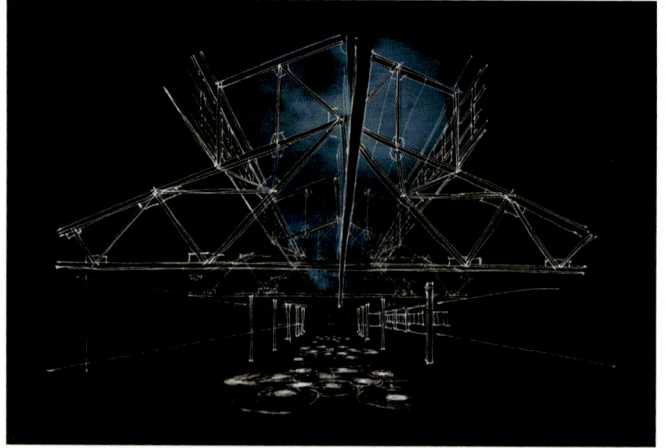

美术馆的门厅设计颇为独特，一眼望去，纯净白色之中出现了一组交叉的黑色斜线，两处黑色色块其实是楼梯的侧立面。两处楼梯远观看似交叉，实则一侧为上行，一侧为下行，两个方向的楼梯之间相隔有一定距离和角度，且内侧有扶手。两部楼梯形成了自然错落的流线。从外部观察，下行的楼梯，外观被伪装成了通体黑色的"盒子"，具有很强的趣味性和现代感。看似交叉但又并未交叉的效果，来自于"不等号"的设计灵感。楼梯的栏杆处，细看则是钢板做成的"折纸"状不规则皱褶效果，并非简单的黑色平面。

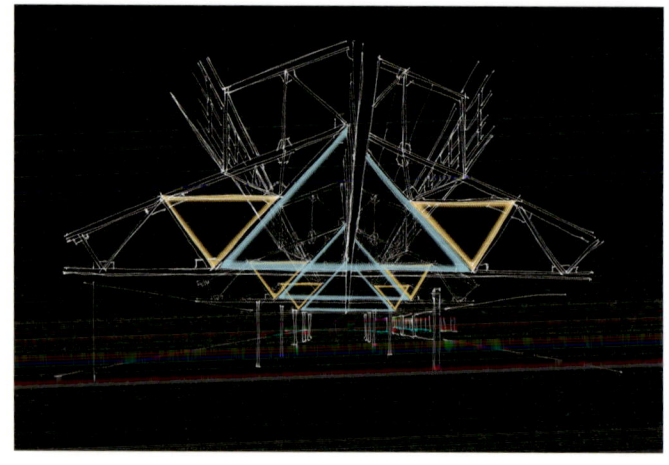

同时，设计师还考虑到了美术馆门厅未来的使用功能，即美术馆如何与时尚业、商业更好结合的问题。设计师认为要解决这一问题，重在发挥美术

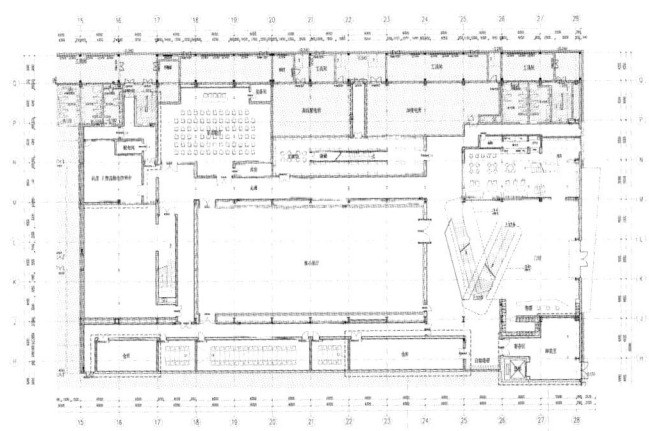
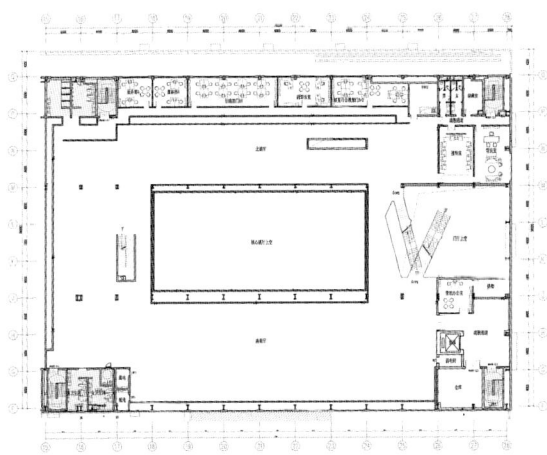

馆门厅得天独厚的场所优势。美术馆的门厅除作为展览入口之外,还是美术馆内一个重要的收益点。在上海的浦西地区,美术馆的门厅往往作为高端品牌发布会的举办地。时尚业介入美术馆空间的主要诉求分为两部分,一部分是"美术馆"三个字,即美术馆本身作为艺术空间的文化认同感;第二部分是美术馆特定的空间语言能给观众留下深刻印象,并能够体现艺术与时尚之间的联想。设计师从功能性角度出发,考虑到参观流线,设计了独立的上下行楼梯,双向引导人流,同时"不等号"的外观呈现出鲜明的视觉印象。楼梯部分,既适合作为走秀的秀台,又可作为时尚发生的背景。

"空色有无"一语出自佛宗教义,融入到美术馆的设计当中,即美术馆为"空",艺术品为"色",艺术品的"色"依托于美术馆的"空"而存在,两者相互依存,缺一不可。设计师认为,在美术馆空间中不应过多强调个人的设计语言。他选择只在美术馆的门厅展现明显的设计痕迹,配合几何元素,赋予旧厂房更多性格。在展厅部分,为了给予艺术家更多的可能性,则没有进行过多的设计,大片留白,有利于更好呈现艺术作品的丰富性,也为艺术家的才华发挥留足空间。在黑白色彩的碰撞下,美术馆空间应有的客观性与包容性被体现得淋漓尽致。

"知白守黑,空色有无"反映的是一种成熟的艺术精神,即"知天地的退让与圆融",天地不言不语,但最有力的声音往往是最静默的。设计师提炼传统的精神内核,并将其用于现代艺术空间的设计,成功完成了一次记忆的重塑和再造。

2. 流转的光线和空间的私密性

设计师在本项目的设计过程中始终保持着高度的理性与克制,在光线的设计方面亦是如此。

由于前期改造室内结构时采取了保护性拆除的方法,美术馆空间是局部通高的,因而侧面能够依托自然光达到一定的采光效果。设计师从美术馆空间的基本功能需要出发,考虑到美术馆的展览空间需要适应不同的展品和展期等情况,为此设计使用三种不同的遮光帘,以侧面自然光与射灯结合的方式配合展陈光线。结构的改造引入了侧面自然光,为防止影子的出现,设计师进行了关键的细节设计,比如半透纱帘、电动操作系统的引入等,使光线对消,让展览效果达到最佳。配合不同的展陈需要,通过光线的合理规划,使光线的流转巧妙地渗透至艺术品之中,对于美术馆空间来说,达到了实用性和机动性的统一。

在上海民生现代美术馆的一楼内,有一处专供看展人群休息和就餐的咖啡厅,此处的设计同样充满匠心。

美术馆空间一般设立多个展厅,包含多种类型的展览,人流量较大,但看展的人群由于不断地走动,会感到疲劳,需要休息和进食。在就餐、休息时,看展人群在心理上偏向于选择偏僻、角落的座位,因为有较强的私密性,相对不会被人窥视和打扰,可以更好地放松与休息。设计师考虑到顾客的心理,在咖啡厅靠近楼梯的方向,设立了一处横向长窗,开窗的高度较高,顾客在窗边位置就坐时,外侧楼梯处的行人无法直接看到咖啡厅内的情况。这样的设计,在保护顾客隐私的同时,也不会影响咖啡厅区域的采光和通风。

由此可见,将细微处的设计进行仔细考量,以无声的方式体贴空间的使用者,在美术馆这样的开放性空间,也同样满足小部分的私密性需求,这样"隐去的设计"往往更有人情味,更动人。

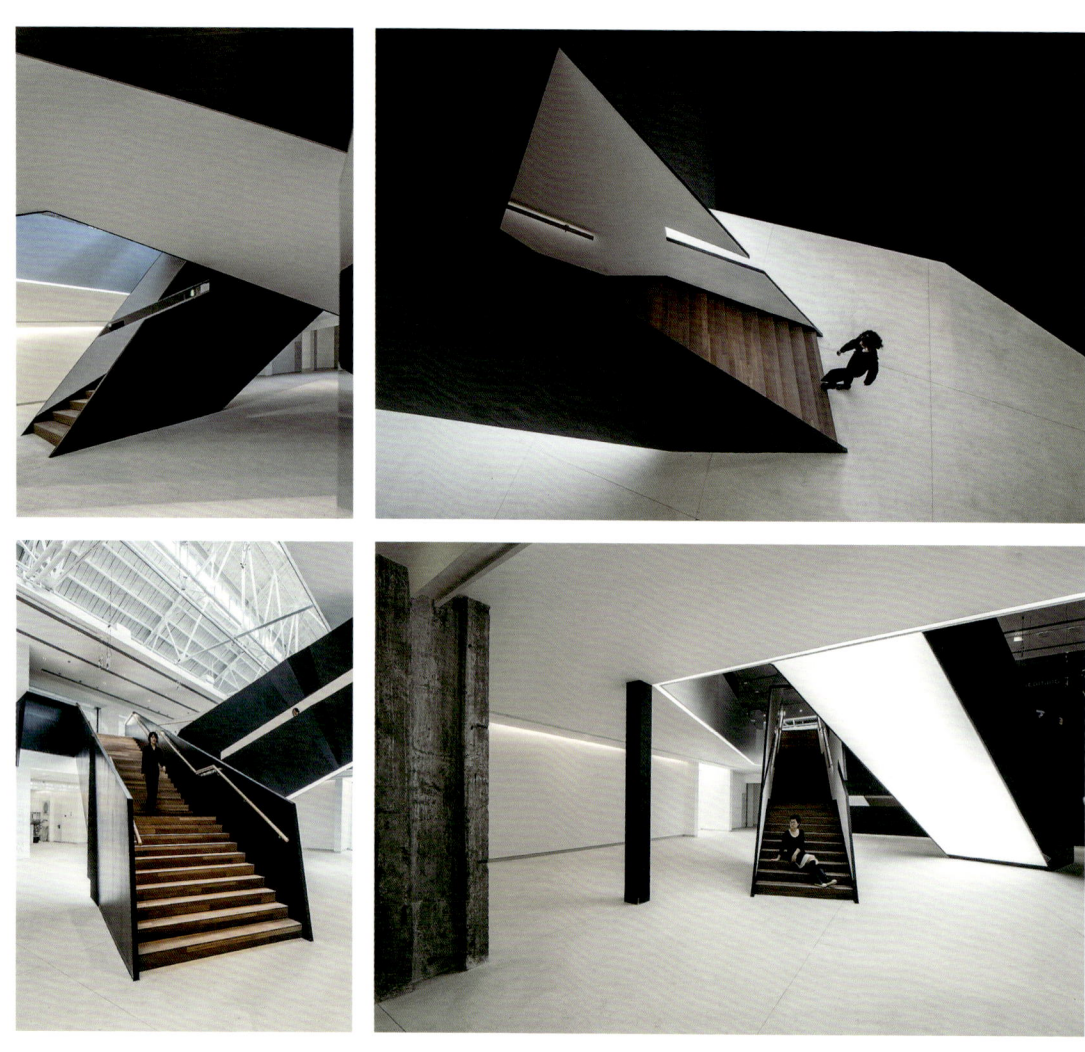

马少军
Ma Shaojun

中国美术学院风景建筑设计研究总院有限公司生态与园林研究院院长
正高级工程师
中国风景园林学会规划委员会理事
浙江风景园林学会资深会员
浙江省勘察设计行业协会园林与景观设计分会秘书长
浙江省勘察设计行业协会评优专家委员会专家
浙江省环境艺术家协会常务理事
浙江大学农业与生物技术学院风景园林讲座教授
浙江大学农业与生物技术学院风景园林硕士生协助指导教师
浙江大学农业与生物技术学院风景园林规划设计研究中心顾问

设计不仅要兼顾地域性和文化性，更要符合现代人的审美需求，体现时代特性。

历史文化景观的再兴：襄阳习家池景区园林工程设计

所在地址：湖北襄阳

用地面积：350000m²

设计时间：2012—2013

习家池，又名高阳池，是东汉初年襄阳侯习郁所建私家园林，被奉为私家园林的鼻祖。它位于湖北襄阳城南约五公里的凤凰山（又名白马山）南麓、汉江西侧，紧邻G207国道与汉江。习家池为省级重点文保单位，现存有50m×65m的方池、"半规""溅珠池"、芙蓉台和习氏宗祠等遗迹，面积一万平方米。习家池景区园林设计工程为习家池景区文化遗产的改扩建工程，总用地面积35公顷。基地原为某医院所在地，道路通直，台地层叠，植物单一，但地理环境背山面水，背靠凤凰山，东面汉江，坐落于青山叠翠、泉水环拥的平岗曲坞之间。灵璧之园，风物幽胜，为藏龙卧虎栖凤之地。

摄影：秦慈坤

一、溯源与构思

古城襄阳地处中华腹地，扼汉水中游，在建制二千八百多年的历史进程中，楚文化和中原文化在这里交流汇合，是历史悠久、文风炽盛之地。

习家池原址有一泓泉眼，曰"白马泉"，东汉建武年间，襄阳侯习郁在此开池养鱼，修筑楼阁，习家池一名即由此而来。东晋时著名史学家、文学家习凿齿也在此居住，扩大了园林的规模。他还在此处修建了白马寺，邀请东晋佛教领袖释道安及其弟子在此修法弘道。到唐代，习家池已成为文人墨客的游历之所，李白、杜甫、孟浩然、皮日休、欧阳修、苏轼、曾巩等诗人均有游踪和吟咏之作留世。皮日休《习池晨起》："清曙萧森载酒来，凉风相引绕亭台。数声翡翠背人去，一番芙蓉含日开。菱叶深深埋钓艇，鱼儿漾漾逐流杯。竹屏风下登山屐，十宿高阳忘却回。"描写了习家池的美好景致和诗人对它的留恋之情。

二千年的历史流变，使习家池成为跨度久远、脉络连续、意义非凡、风韵独标的历史文化园林积淀之地和再兴之所。北魏郦道元《水经注》对习家池的记载最为权威，不仅标注鱼池大陂尺度，更称其"楸竹夹植，莲芡覆水，是游宴之名处也"。从园林发展史看，习家池是郊野园林构筑的典范。明代计成在《园冶》"相地"中论及郊野园林择地时说："郊野择地，依乎平冈曲坞，叠陇乔林，水浚通源，桥横跨水，去城不数里，而往来可以任意，若为快也。谅地势之崎岖，得基局之大小；围知版筑，构拟习池。"习家池依照自然地势，再结合人工构筑，崇隆土坡，起建钓台，开辟宅宇，遍植茂林，其利用自然山水配置植物、建筑的布局意趣奠定了后世园林的格局，故计成所称"构拟习池"，就是指郊野园林的布局都要效仿习家池之义。可见习家池将人工构筑物与自然山水巧妙结合的设计手法，对后世园林的建造具有典范意义。

摄影：朱建辉

习家池集古园、古祠、古林、古风、古韵于一体，它的私家园林鼻祖的地位，以及沉淀下来的丰富的历史、诗词和礼俗文化，是习家池景区文化遗产改扩建工程最重要的基础，所以设计团队提出要将其打造为"华夏习氏宗源地，郊野园林第一家"，正是考虑到了它历史文脉的延续和当代再兴。

二、设计匠心

联合国教科文组织在1992年将文化景观列为遗产保护对象，从习家池悠久的建设和设计历程，及其与自然、历史、文化和艺术紧密的关联来看，它无疑属于文化景观类的遗产，设计的思路首先是对遗产部分进行严格保护，进而根据文献记载展开设计演绎。设计要点有三：

1. 保护与展示

习家池文化景观遗存是省级重点文物保护单位，因此在景区改扩建中，对原有的文保范围实施本体保护，即以"整体保护，最小干预"为原则，对现有的方池、宗祠、芙蓉台、"半规""溅珠"池、古碑等实施严格保护。同时对原文化景观遗存进行环境塑造。习池原囿于高墙之中，设计改高墙为竹篱，打开视线。其周边环境中与历史空间氛围不符的地方都进行了调整和改造。同时按《水经注》中"又作石洑逗，引大池水，于宅北作小鱼池，池长七十步，广二十步"的记载，在现有方池北侧增设小鱼池，大小两池之间用暗逗勾引，重现汉晋郊野园林特色。

2. 布局与结构

园林景观总体改造确立了"一心三片八景"的布局。一心——习家古韵；三片——阡陌长水、习池雅集、白马寻踪；八景——凤泉阡陌、习池古韵、松石间意、古墓云径、猿啸青萝、曲水流觞、玉堂春色、白马问泉。即以习家池文化景观遗存为核心，布局三片主要景观区域，设置八个主要景点，点面结合，主次分明，构成习家池景区的整体风貌和布局结构。

3. 历史园林的复兴

以《园冶》为造园理论，通过对文献记载和历代诗词歌赋的梳理和取舍，以习氏故园和郊游胜地为主要内容，再现具有汉晋意韵的园林风貌。

（1）平岗曲坞，自成天然之趣

根据两个自然山谷，分设"白马问泉"和"怀晋山庄"两个景点。白马问泉区恢复白马泉、白马寺遗址古迹，追忆东晋习凿齿与释道安的故事，同时充分利用原有的台地，增设牡丹台和玉堂春景点。怀晋山庄按汉晋风格设计，主要为陈设展览之用。恢复平岗曲坞地貌，使地形呈现"有高有凹，有曲有深，有峻而悬，有平而坦"，"自成天然之趣，不烦人事之工"。

摄影：柴新义

(2) 池沼参差，开荒欲引长流

结合白马寺遗址，重开白马泉。泉水经山石而跌落，塑造潭、瀑、沼、池、溪、涧等水景形态，流过全园注入习池，营造高山流水、曲水流觞等一系列层次丰富、动静结合的水体景观，以呈现"绝涧安梁，亭台突池沼而参差；清池涵月，楼阁碍云霞而出没。开径逶迤，竹木遥飞叠雉；院广堪梧，紫荆横引长虹"的美好景致。

(3) 松篁桃梅，摘景全留杂树

以自然山林为主，保留现有树林杂木，突出郊野风貌。根据文献描述的传统园林植物，采用乡土树种，突出朴、雅、幽、野四大特色。对成行的悬铃木，采用加植中木、按疏密高低的不同组合，打破序列感，使法桐融入自然，栽植的主要植物有楸、松、竹、柳、桃、朴、皂荚、海棠等，形成"松涛郁郁，竹里通幽，梅影蕉声，玉堂春风"的山林野趣。

(4) 片山多致，理顽石而堪支

浚水理石，是中国园林的灵魂。水系驳岸以自然土坡为主，景石采用当地石材，单点玲珑之石，层堆古拙之石，恰到好处，形成石座琴台，营造自然清雅的景观。

摄影（左）：熊　昕
摄影（右）：陈　城

三、策略与方法

作为具有自然和文化双重特征的遗产景区，时代与文化的积淀造就了习家池独有的历史传承和文化基因。园林工程设计既要尊重历史风貌，又要顾及园林现代功能的实现和当代的公共性塑造，这是文化景观类园林设计都需面对的问题。

设计师马少军多年来致力于历史文化景观遗产的保护和开发设计。他主张不能一味墨守原有景观和建筑的尺度、功能，而是要根据现代需求对其进行潜在的改造。比如在杭州河坊街改造中，他就在可控范围内增加了沿街建筑的二楼层高，在不影响大的视觉效果的前提下，有效提升了空间的功能性。马少军也一直在思考传统园林如何大众化的问题。他在20世纪80年代设计杭州太子湾公园时对此就有探索。他认为，中国古代文人欣赏花卉是贵含不贵开，贵少不贵多，但对于大型的公共园林而言，这种欣赏方式过于小众，所以他在太子湾公园景观设计时尝试团状和片状种植樱花，每当春天樱花盛开之时，便吸引大量游人前来观赏，使太子湾公园真正成为了市民的乐园。这在当时可以说是一种超前和全新的尝试。

针对习家池景区的特点，设计团队在以下三个方面进行了设计方法上的探索：

1. 园林遗存的恢复性保护与原貌性保护相结合

由于时光更迭，园主更替，园林的植物、山水、建筑等这些物质载体其实是不断变化的，这是研究园林史的困难之一，也是理解文化景观遗产的原真性保护不可回避的方面。文化遗产的原真性一方面固然指通过客观存在的物质实体得以呈现的部分，另一方面也指遗产的场所精神所给予主体的特有的"意象"，也就是原真性其实包含了物质和精神的综合性的价值。从这个认识出发，习家池的设计团队提出了恢复性保护与原貌性保护相结合的方法，将原习家池文化景观遗存进行原貌性保护，其他的改扩建部分则以恢复性保护为主，通过对历史故事、诗词文学作品的解读和品悟，着重营造郊野园林的特色气氛和场所感。

2. 历史文化景观的选择性恢复

园林类文化景观遗产除了物质实体外，历次的毁建记录、名士际会、文人咏叹、民间故事，都承载了丰富的文化内涵，但并不需要考据式地把所有的信息都加以重现，而是主要选择具有重要文化价值的历史景观予以恢复。习家池风景区设计初期就确定以园林景观为主，尽量减少建筑体，惜墨如金，仅依据历史文献重现少量建筑景点，如在习家池水池景观上添加了亭桥和长渠，重新修筑了习家池的古牌楼。园中主要建筑怀晋山庄以东汉建筑风格为依据，但由于历史建筑的湮灭，所以讲求重现风采和神韵，而不拘泥于考古材料，同时保证展示、会务等现代使用功能的实现。

3. 谨慎添加，顺应时代需要

能够流传到当代的园林文化景观都是活态的文化遗产，如何让其与当代生活依然发生联系，让现代人产生情感上的认同，是保护和传承这些文化景观的重要课题。设计时需要在尊重文化景观的深厚内涵的前提下，依据其独特的延续性和演进规律，顺应时代需求进行必要的添加建设，而且这种添加建设必须是谨慎且细致的。

习家池最初是私家园林，后来逐渐发展成典型的公共园林，文献记载东汉以后习家池一直是襄阳城外一个最重要的体闲游乐之地，每年三月三日还有官方组织的禊饮活动，形成了丰富的民俗活动和独特的地方文化。在现代的改扩建工程中，设计师就要将历史上的公共园林特性扩展、转化为现代公共园林的特点，包括在功能分区、道路、植被、灯光、建筑等的设计上均要考虑到现代人的需求。广场、大草坪、大面积团块状花卉的种植等，都是为了符合现代人的游赏需求而设置的。

习家池景区园林工程设计以习家池的历史文化积淀为基础，重视文化意境的恢复和营造，一方面严格保护文化景观遗存，另一方面在改扩建的部分强调整体布局和意境与传统的和谐统一，使改扩建过程本身成为传统的延续和发展。同时注重引入现代的设计手法和景观、建筑材料，丰富习家池作为公共园林的空间层次和游赏方式，体现高度的时代特征。习家池景区园林工程设计成功地将历史的静态的景观遗产与当代城市园林综合体恰切地融合在一起，达到了历时性与共时性的统一，为历史文化景观的延续和再兴提供了很好的思路。

摄影：熊 昕

摄影：魏冬冷 | 摄影：魏冬冷
摄影：陈 城

摄影：姚有明 | 摄影：柴新义

摄影：姚有明

陈继华
Chen Jihua

中国美术学院风景建筑设计研究总院有限公司总建筑师
景观与公共艺术研究院院长
浙江省勘察设计行业协会园林与景观设计分会副会长
正高级工程师
2017中国设计年度人物

以更专业的艺术创新和设计态度，技艺融合。用艺术提出问题，用技术解决问题，统筹全局，跨界整合，在地再生。让环境变得更美好，让艺术更生活，让生活更艺术。

光影化形："阿里巴巴总部"杭州软件生产基地一期室外环境设计工程

所在地址：杭州滨江

用地面积：59330 m²

景观面积：43500 m²

设计时间：2009

探索：阿里巴巴企业文化的艺术性表达

"阿里巴巴总部"杭州软件生产基地位于浙江省杭州市滨江区，园区的一期工程建成后，占地面积达到了59330m²，可容纳至少八千名员工同时在园区内办公。新世纪之初正是阿里巴巴锐意进取、不断扩张发展的时期，2005年与雅虎达成战略合作之后，阿里巴巴集团成为了全球电子商务行业领军者、中国规模最大也是最成功的互联网企业。为了应对日趋白热化的外部市场竞争，顺应集团运营发展的需要，进入华星时代的阿里巴巴开始着手整合业务与平台，搭建一体化的网上商务系统。在转型发展的关键时期，公司选择在汇集了众多科技创新型企业的滨江高新技术开发区规划建立这座软件生产基地，力求更好地集聚人才，搭建更广阔的发展平台，谋求更多的发展机遇，续写辉煌。

"阿里巴巴总部"杭州软件生产基地的规划设计理念非常具有前瞻性，园区内各个功能分区的组织架构如同一座微型的现代化城市，一系列的协作中心与微型景观构成了主要的办公区域。园区主要由五栋总占地面积达到15000m²的单体建筑与面积约为43500m²、绿化率达到26%的景观构成。园区提供了多种开放式的办公空间和兼具自由度和私密性的休闲娱乐区域。

2009年，陈继华带领自己的设计团队完成了"阿里巴巴总部"杭州软件生产基地一期工程室外景观环境的设计工作。与此同时，基地内的主体建筑也已竣工，建筑的设计方案是由国际知名建筑事务所HASSELL于2006年完成的。2009年10月，阿里员工正式入驻生产基地，随着各项工作的稳步推进，园区在之后陆续开放了部分区域作为企业形象展示和对外交流的平台。景观作为生产基地的一个重要部分，陈继华首先在设计当中完美地回应

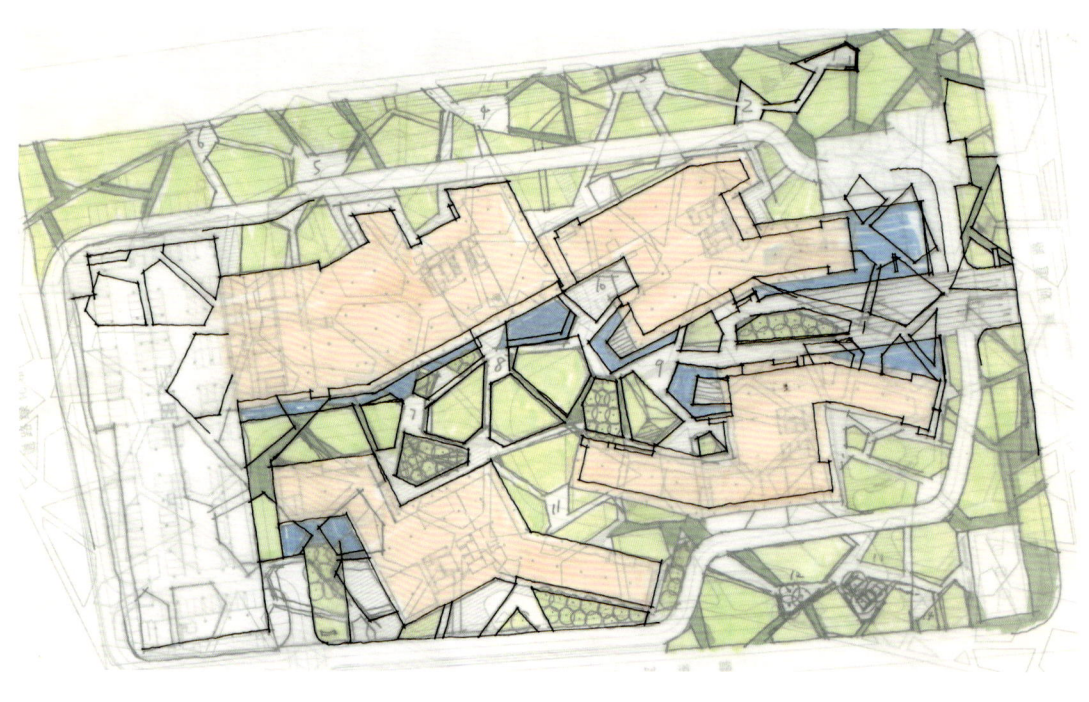

方法：从功能演绎出形式

在阿里巴巴杭州软件生产基地的室外环境设计中，陈继华以建筑设计中的基本元素为蓝本，根据室外景观的功能需求，通过精密计算、科学实验，逐渐演绎出不同的尺度、分区、形态，形成了初步的景观设计规划。景观的实用功能是阿里巴巴杭州软件生产基地室外环境设计的基础，陈继华坚持功能演绎出形式的设计理念，景观中一切的尺度和营造都首先从实现功能的角度出发。与其他完成的景观设计项目相比，软件基地的景观设计当中几乎没有设计师个人的设计符号与形式语言，通过对已有设计元素的再创造，在地再生、技艺相容，形成了独属于这座生产基地的景观设计语言。

陈继华延续了一期建筑设计通过视觉的渗透性形成联通感的设计手法，与社区化的建筑群塑造相互呼应。园区内单体建筑的几何形态、建筑群整体的曲折流线轮廓与自然、简约的景观生态浑然一体。景观中所使用的所有设计元素都由陈继华从建筑群的形态、功能、构成当中提取而来。建筑形体映射到地面上产生的光影形态，形成了景观的肌底、水系、绿化和场景空间的尺度与基本样貌。建筑的网架形态、建筑立面独特的肌理、植被的轮廓都在无形之中与基地的设施、环境融洽无间。景观的设计元素当中，块面的基本形态由建筑立面上的钢架结构抽象变化产生。陈继华通过对这种特殊钢结构元素的艺术演绎，还将阿里巴巴作为B2B网络构建先行者的决心隐喻在景观设计当中；线条的基本形态则反映出了园区内信息线的多种变化、交错关系，将阿里人工作、交往、休闲的生动形态隐喻在景观的空间构成当中。

了办公、休闲、企业运营等的功能需求，并对不同功能分区进行了进一步的细化与优化，使得基地内的景观环境既能够满足新型互联网企业的办公生活需求，又能够为员工提供非常丰富的生活空间。同时，基地的室外环境与建筑的风格、设计理念桴鼓相应，生动、青春、活力的精神气质与简约、自然、现代的表现形式在景观设计中得到完美的呈现，绿地、雕塑、公共空间与建筑形成和谐统一的整体。

在此基础上，陈继华还对阿里巴巴集团历经十年发展形成的具有鲜明时代特色和强大感召力的企业文化进行了独具匠心的艺术呈现。阿里巴巴一直以开放、自由、进取的姿态面对挑战。2001年，著名的"独孤九剑"正式写入阿里的员工价值观行为准则中，"创新、激情、开放、教学相长、群策群力、质量、专注、服务、尊重"这九大基本的价值观成为了阿里成员的文化共识，支持着这支年轻的团队良性健康地发展壮大。2004年，阿里巴巴进入了延续至今的黄金发展时期，"独孤九剑"又凝练延伸出了被称为"六脉神剑"的新版本，"客户第一、团队合作、拥抱变化、激情、诚信、敬业"，阿里文化的核心价值是一以贯之的。陈继华带领自己的设计团队深入到了阿里的创业团队当中，与这些阿里人共同工作、生活，在充分了解他们的工作方式、团队构成、价值追求、文化理想之后，将这些精神内化到了设计当中，赋予绿地、流水、空间以灵魂。

陈继华对所有的设计细节都进行了深入而细致的反复琢磨，精益求精。景观主要分为两个部分，第一部分是由围绕着建筑形成的小型、微型景观，与建筑半开放的室内空间接壤的内环庭院，联通庭院与通路的主环道路，围绕着环道分布的公共休闲区域组成，位于外侧的大面积的绿地、错落有致的树林则构成了景观的第二个部分。

软件生产基地景观设计中主要的集会与休息功能都被设置在主环道以外，中心花园区域的生态景观效果因此得以最大化地呈现给愿意驻足欣赏风景的使用者。每幢楼的主要入口区域都被设置成了休息区，运动区域则被设置在东南角的绿化带中，这些小空间整体地势都较低，使得噪音对使用者的影响可以被降到最低。原有内庭的消防通道被巧妙地改造成为了隐形通道，在保障了安全性的前提下使得内庭景观空间的整体性得到了保障。室外停车位在满足了阿里员工使用需求的前提下被集中规划在几个分区当中，网状的人行路线把景观中岛与岛、岛与建筑之间的功能有机地串联起来，道路与景观空间在整体设计当中井然有序。

景观铺装材质全部选用天然石材与防腐木材，木材主要用于半室内空间中，石材则主要在主环线内使用。水池底使用的是与地面铺装材料质感、颜色保持一致的特殊石料。主环线以外的休闲区域则以暖色石材的应用为主，内外环线之间庭院的静谧安宁与公共道路的熙来攘往构成了动静相宜的都市办公生活气氛。

照明系统的设计也是软件生产基地景观设计的重要组成部分之一。陈继华团队经过精心的测算，在除了主环道之外的其他外环空间内统一设置了可调角度的射灯、灯带，仅在夜间明显照明不足的道路区域旁加设了草坪灯，在主环道上则采用了高达3.5m的庭院灯，使得主要的通行区域光照得到保障。水体灯光暗槽、景观墙体、大部分室外休闲空间、座椅、半室内空间连廊的铺装材料中则暗藏了灯带，在夜间形成照度均匀，见光不见灯的夜景效果，既不会破坏景观整体外观的统一性，又能充分满足员工夜间的使用需求。

除了照明系统，水处理及循环系统的设计也充满了巧思。陈继华及团队把市政给水、工业排水、雨水收集池用主管线联通，在园区内设置了五个独立的循环系统与三个过滤净化系统，通过小型跌落水幕与涌泉来维持系统的运行，使园区内的水池常年保持着清澈。在园区的主入口区域，团队设置了雾森系统，开启系统之后可以形成优美的视错觉效果，使建筑如同隐藏在云雾之中，同时也能调节区域小环境的温差，为园区提供体感舒适的湿度，优化办公体验。

软件生产基地景观设计的第二部分主要由围合着建筑、微型景观、道路、公共区域的密林组成。高大的乔木列植与小型灌木构成了密林的立体空间形态。这些植被经过科学的培育与精心的养护，树形修长挺拔，能在满足遮荫避暑的需求的同时对园区内的空间形成一定的围合与隔离作用，降低外部的污染、噪音对园区内生态环境的影响。同时，这些高大的乔木林带与小乔木林在绿地间交错生长，形成了一道优美的天际线景观。

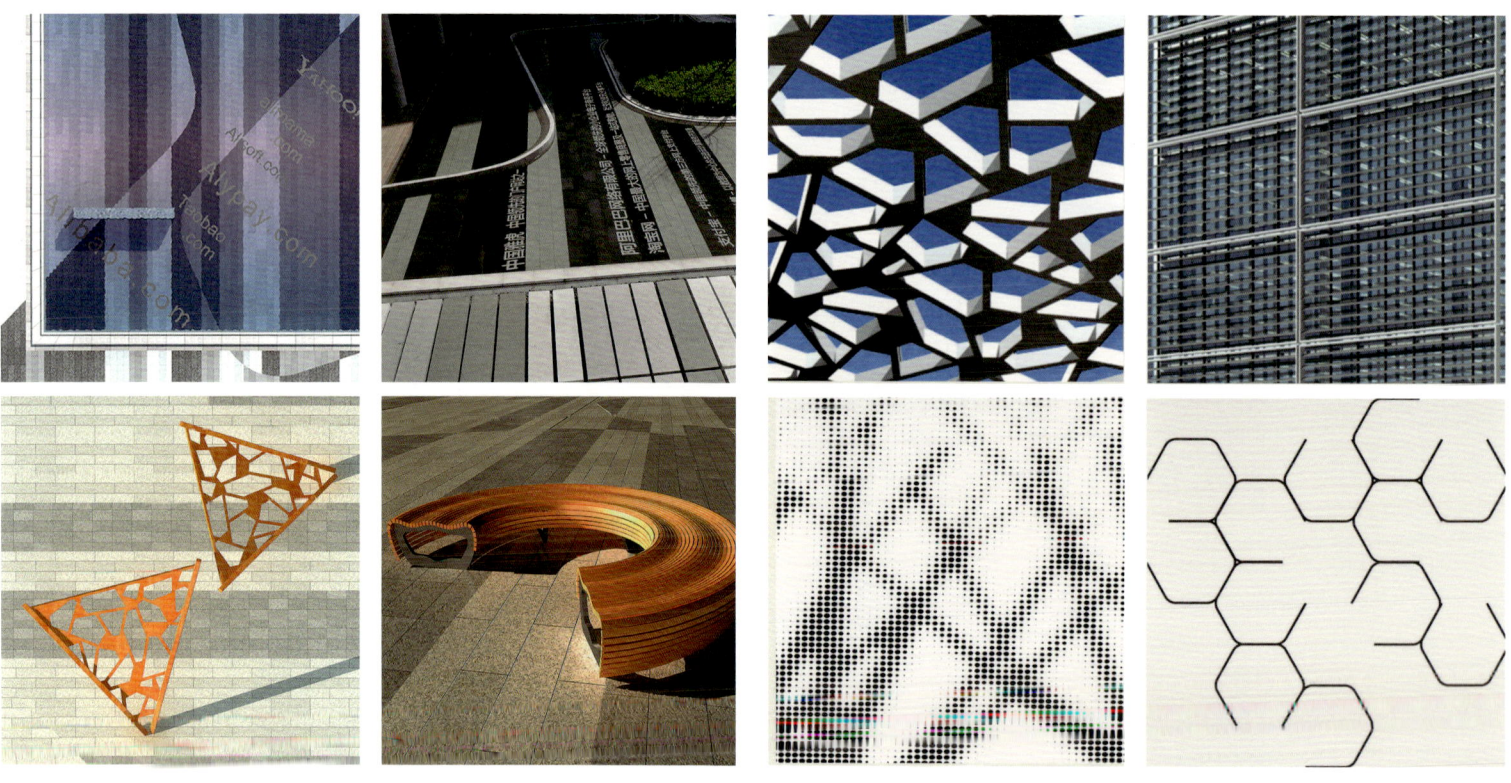

材料

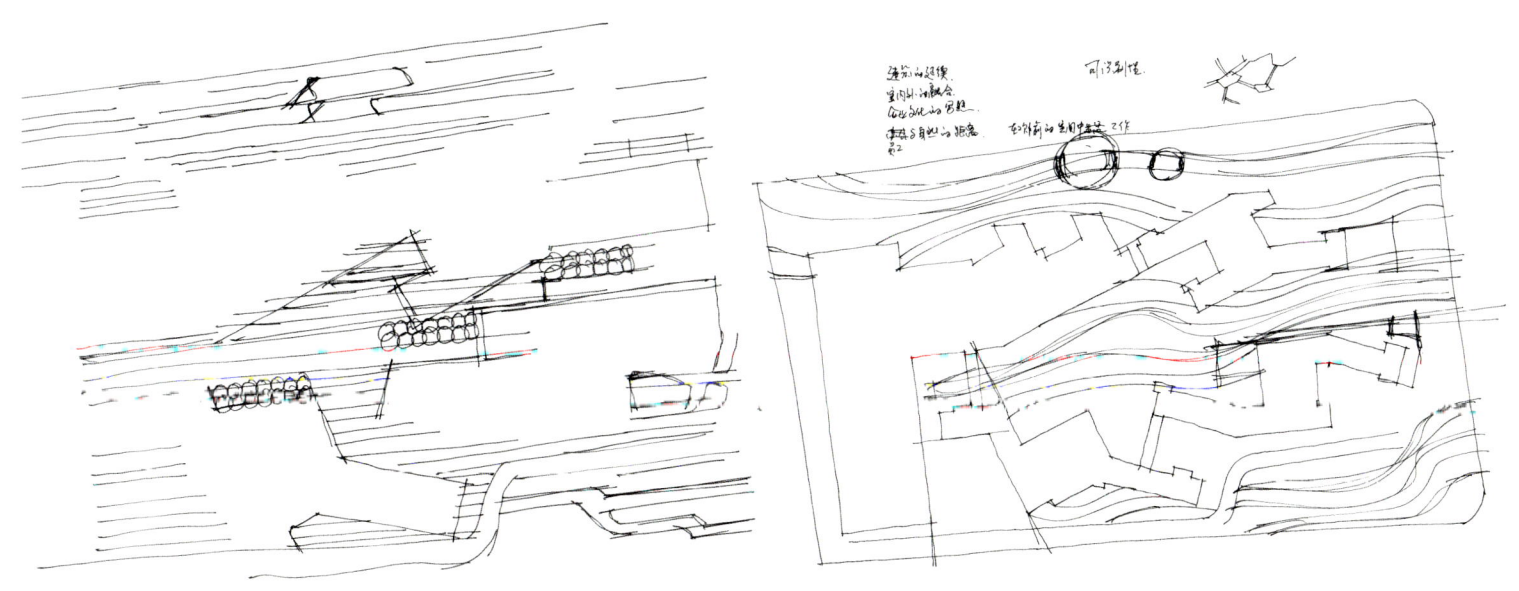

经验：城市工作区域的景观设计

正高级工程师陈继华曾获得国家、省市级奖项七十余项，主创完成了"两山理论"发源地——安吉余村整体风貌提升、温州市城市中央绿轴公园工程设计项目、南昌绳金塔街区改造工程等众多重要的景观设计及改造项目。作为中国美术学院风景建筑设计研究总院有限公司总建筑师、景观与公共艺术研究院院长的陈继华，非常善于通过"艺术创造参与城市营造"，将文化、艺术、设计、科技和商业相结合，以多元的视角推动风景园林设计，尤其是城市景观设计的发展。

在"阿里巴巴总部"杭州软件生产基地一期室外环境设计工程当中，陈继华成功地将阿里巴巴集团的企业文化润物无声地融入了设计语言当中。在基地的一期工程中，室外环境与建筑空间的关系非常紧密，园区内地势平坦、视野开阔、环境舒适。建筑与景观的整体塑造呈现出灵活、开放、多元的统一风格，与阿里人朝气蓬勃的精神面貌、阿里事业的欣欣向荣遥相呼应。陈继华以"功能演绎出形式"的设计方法，将自己对于阿里巴巴企业文化精神的理解渗透到了景观设计环节的方方面面。在办公空间当中的微型景观中，标识墙、中央墙、BU墙、阿里地砖等企业文化符号巧妙地成为了空间环境的一部分，在这些特殊的符号与标识当中，阿里巴巴的发展历程与企业精神都被诗意地表现出来。在景观整体规划主轴上，次入口到主入口空间的景观元素与空间格局由单一向多样自然地过渡变化，最终汇成线性的表现形式，通过一个个景观节点将整个地块融合成为和谐统一、完整而富有节奏变化的景观体系，同时隐喻阿里巴巴从"湖畔时代—华星时代—滨江时代—全球时代"的发展历程，表现阿里巴巴人不畏艰险、不断前进的进取精神。

在景观设计中，大面积的绿岛代表了阿里人对于阿里巴巴未来发展的期待。绿地中郁郁葱葱的植物，代表着每一位奋斗着的阿里人。每个人都是阿里团队中不可或缺的一份子，正是每个积极进取、勇于挑战、艰苦奋斗的阿里人成就了今天的阿里巴巴，也正是这每一棵茁壮成长的树木，形成了美丽壮观的阿里天际线。在绿地中还有专门的区域供阿里巴巴十年员工种植树木，这一份沉甸甸的荣誉感与永驻心间的自豪与荣耀，能让阿里人深深感受到自我的价值。

陈继华实现了接手这个项目之初他描绘的美好设计愿景：不仅要为阿里人创造出优美的工作环境，还能够引导阿里人努力践行自己的理想，推崇健康、积极的工作与生活方式。在此基础上，为阿里人创造出一个能够潜移默化地感受公司的价值文化追求，体验公司的集体主义精神与人文关怀的场所，为阿里员工营造出更有归属感、价值感、满足感的办公空间。

"阿里巴巴总部"杭州软件生产基地一期室外环境设计工程对于陈继华与他的设计团队来说是一次成功且重大的设计实践。这个出色的设计案例也为日趋得到重视的城市景观设计提供了一个很好的范例。

A

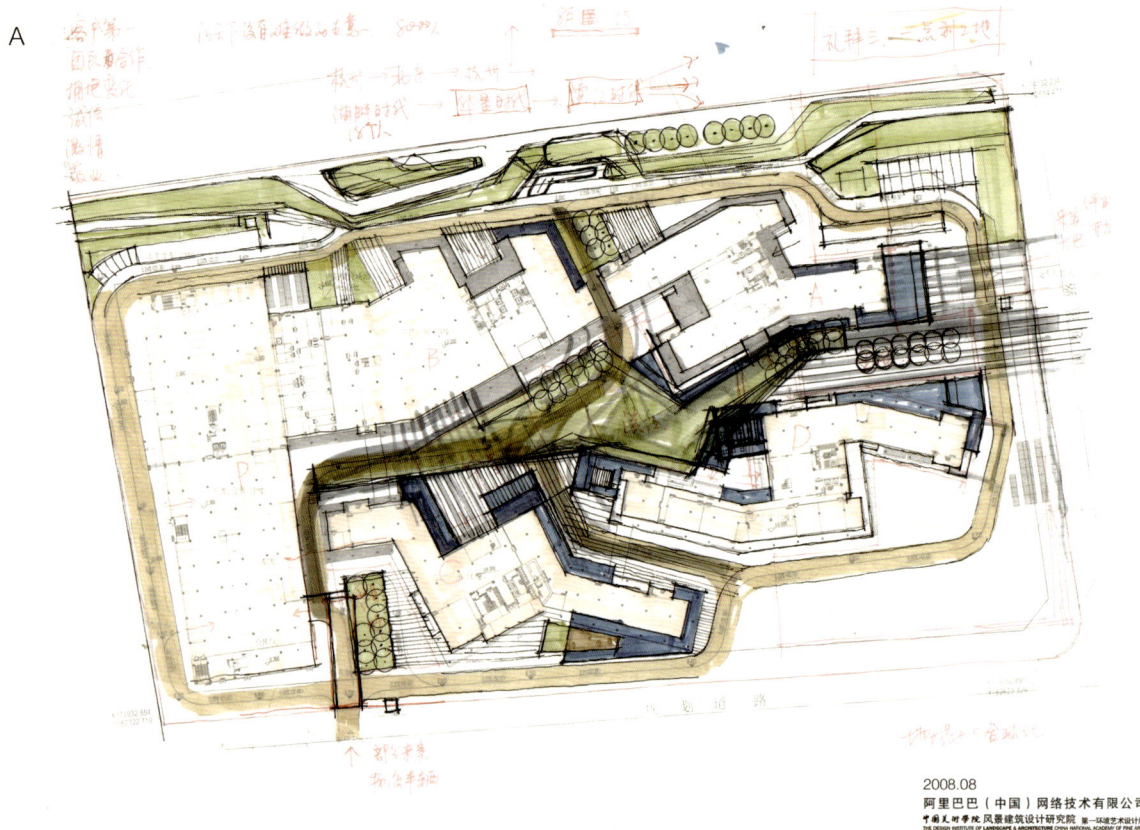

B

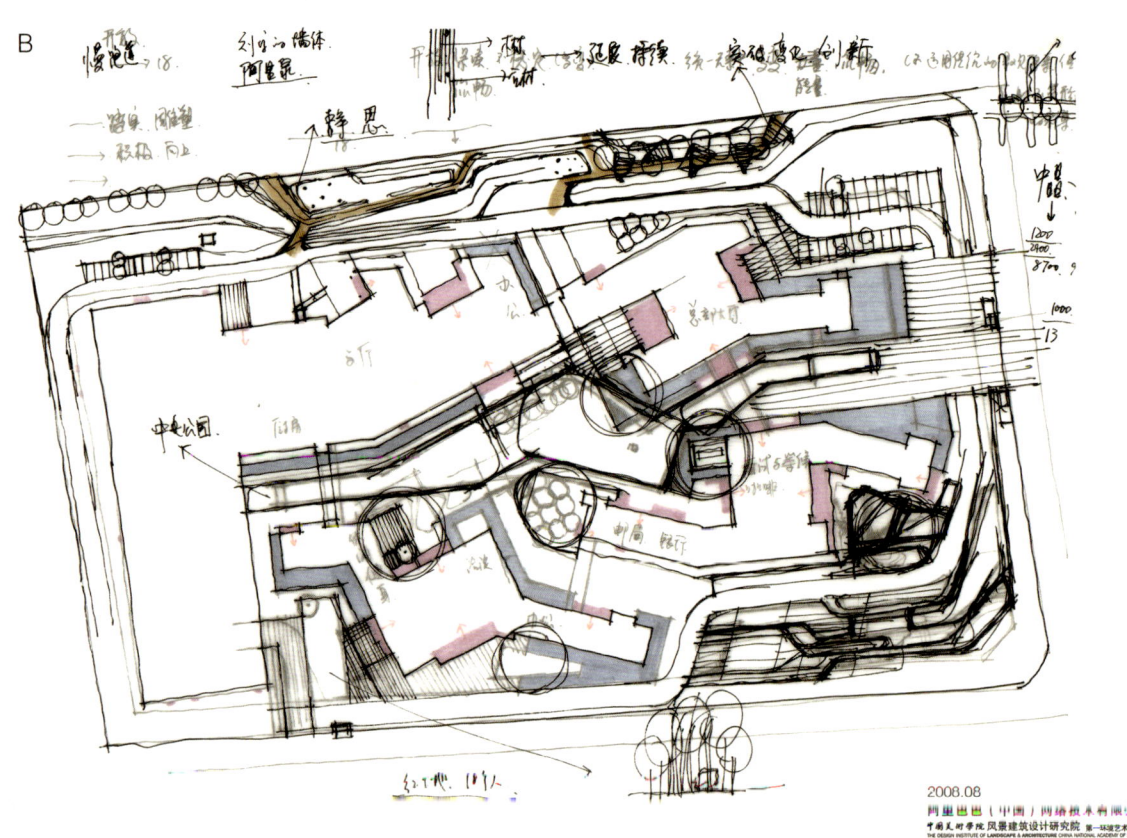

C

2008.08
阿里巴巴（中国）网络技术有限公司
中国美术学院 风景建筑设计研究院 第一环境艺术设计所
THE DESIGN INSTITUTE OF LANDSCAPE & ARCHITECTURE CHINA NATIONAL ACADEMY OF FINE ARTS

D

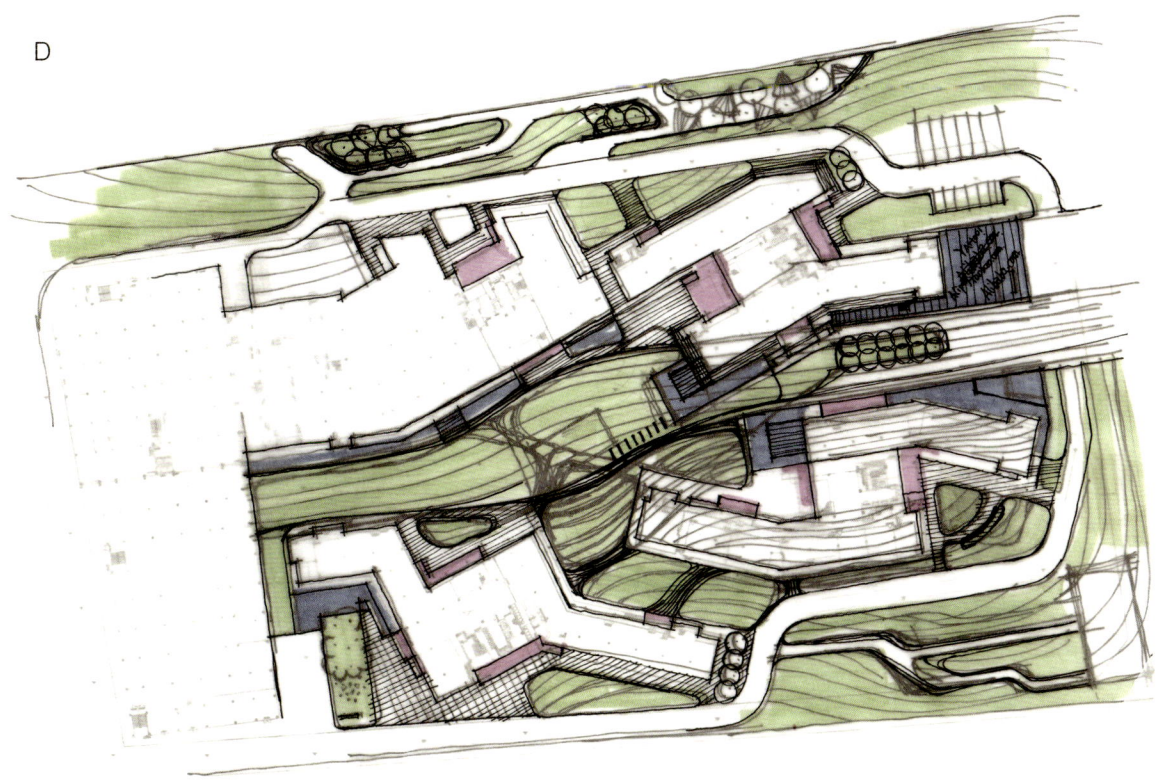

2008.08
阿里巴巴（中国）网络技术有限公司
中国美术学院 风景建筑设计研究院 第一环境艺术设计所
THE DESIGN INSTITUTE OF LANDSCAPE & ARCHITECTURE CHINA NATIONAL ACADEMY OF FINE ARTS

景观总平面（地面）

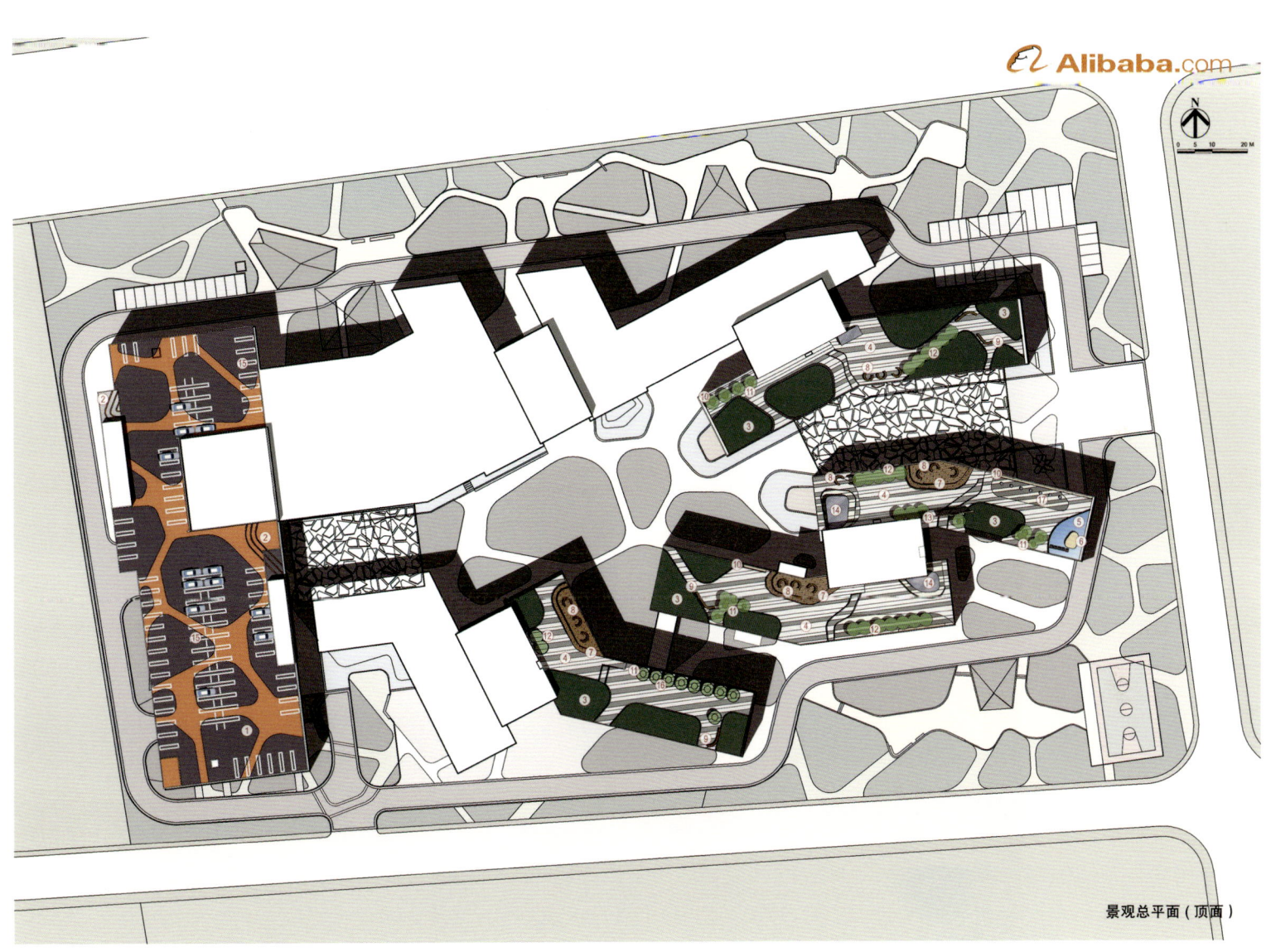

景观总平面（顶面）

艺术创造参与城市营造：
"豫章十景"之一 ——江西南昌绳金塔商业特色街区提升改造设计

所在地址：江西南昌

用地面积：60499 m²

景观面积：41028 m²

设计时间：2015

一

历史街区是城市文化的载体，随着城市化进程的不断推进，传统的历史街区在延续城市记忆的同时也面临着需要空间重塑与功能转型的问题。因此，历史街区的更新与改造不仅要保留城市的肌理与文脉，也要融入符合现代城市功能和审美的空间与环境设计。

江西南昌绳金塔特色商业街区地处站前西路以南，洪城路以北，抚河中路以东，会堂侧路以西。绳金塔历史街区作为南昌传统城市轴线的重要节点，拥有深厚的历史文化积淀、悠久的习俗庙会传统、优越的区位条件、丰富的旅游资源和一定的业态基础。街区中的绳金塔是南昌西湖区惟一一个历史标志性文物保护建筑。但是由于种种原因，绳金塔街区面临历史风貌和地方性特征破坏严重、商业价值衰落、产业结构老化、人居环境和居民生活水平下降、市政基础设施配套不完善、社区生活凝聚力和归属感下降等一系列问题。该项目主要整治内容为街区建筑整体改造与新建，街区及绳金塔公园景观的提升与改造，公共艺术精品长廊及美食夜市商业特色街的打造，总体目标是打造"全国一流的4A级景区，江西第一的特色街区"。

一、"复合型历史街区"空间体系建构

设计师陈继华在南昌绳金塔历史街区提升改造设计中，以城市美学为视角，从"塔"开始，构建了复合型的历史街区空间体系，将历史街区空间与现代商业相结合，在保护现有历史建筑风貌的基础上，结合新本土建筑的营造，形成院落式消费空间和南昌城市民俗旅游的人文游憩中心，打造以地方传统文化与现代都市生活相融合的历史文化街区。

1. 历史织补，重塑文化

设计团队客观分析了绳金塔街区历史遗存和空间邻里结构存在的现实拼贴关系，根据具体情况划分保护和更新等级，清理街区的空间段落和邻里区块。在充分保护各区块片段自身空间完整性的基础上，通过历史叙事关系和日常生活让其勾连，使绳金塔街区成为一个完整的、具备现象生命的、和而不同的历史人文复合体。将历史街区空间与现代商业结合，以"南昌雅俗共赏的生活精神"为线索，在保护现有历史建筑风貌基础上结合新本土建筑的营造，形成院落式消费空间和南昌城市民艺（民俗）旅游的人文游憩中心。

2. 制定商业业态布局策略

陈继华还注意到了在商业街区改造中的一个关键问题，即如何吸引人气、聚集人气。他们用"换道超车"的研究路径，即换路径解决"人"的问题，并制定商业业态布局策略，对"五街九巷十八坊"进行业态差异定位。如项目一期的绳金塔街为南昌夜市小吃第一街，金塔西街为餐饮文化休闲街，项目二期的金塔东街为旅游文化步行街，前进路为特色餐饮街，十字北街为综合特色购物街（老字号聚集街区）。使观者畅游其中，寻千年古塔、品南昌美食、游百年商街、淘民艺精品、观金塔传奇。通过入驻老字号、合理布局街区城市空间，盘活商业业态，使文态、业态、形态三态合一。同时规划好交通布局，动静结合、人车分流，营造良好的水景步行街体系和美食夜市街区氛围。

3. 构建"大绳金塔公园"的总体理念空间格局

设计团队创新性地提出"大绳金塔公园"的概念,将原有的绳金塔公园开放,还园于民,结合五条街的建设,最终形成"大绳金塔公园"的总体理念空间格局。开放的绳金塔公园结合"百米游廊"的特色营造,丰富及加强了公园的游园体验,并与"五街九巷十八坊"的总体定位相结合,营造"南昌老底片、新城市客厅"的慢生活街区,以"幽巷、逸街、漫城"来诠释南昌的街巷空间。

二、"1+N"设计模式

陈继华曾在国内首次提出"1+N"的设计模式,但是绳金塔商业特色街区的规划与建设是"1+N"设计模式和思想的第一次集成式运用。"1"是指规划策划,"N"是指城市形象、建筑、景观、室内、照明及公共艺术等体系的整体性设计,这是一种集成的、系统化的、整体性的、各专业共融的设计模式。他希望能突破专业的局限性,从总体规划策略入手,以城市形象系统为设计切入点,用艺术提出问题,用技术解决问题,统筹全局,跨界整合,在地再生。以"艺术创造参与城市营造",将文化、艺术、设计、科技和商业相结合,建立设计"经济流量艺术创造"新理念。这是陈继华近十年一直在研究和努力的方向,他根据景观与公共艺术研究院自身的发展特色,提出"你有什么视界,就拥有什么世界,用艺术的视界构建抗艺无界的大美世界"的理念。

1. 总体规划

通过对绳金塔街区的历史、文化、景观的考察与研究,设计团队对绳金塔商业特色街区进行整体性规划与策划,通过城市形象、建筑景观、公共艺术、夜景照明等几个方面的设计,营造园林文化街、市井坊街、民俗庙街、创意新街、豫章新城五段街区,由传统文化到未来新城逐步更新的城市总体空间层次。用历史景观轴与精神文化轴共同构成南昌城市历史人文景观的"十"字型结构。并通过街道分段处理和公共节点放大的方式,给予街道空间以节奏变化。

2. 城市形象

城市形象以古塔、老街、幽巷为创意来源,设计凝聚街区目标、理念、特色与内涵,从街区的VI出发,系统呈现整体形象,便于宣传与推广。以"形、意"写"境",彰显街区特质,建构与优化整体形象。

3. 建筑景观

绳金塔是南昌的"精神象征",是视觉的聚集处、精神的战略地、景观的控制点。结合绳金塔街、金塔东街、西街、前进路及十字街,与改造后近6500m²的金塔广场形成四条视线通廊。围绕现有园区形成历史肌理片区,城市街巷空间与园林空间共生。核心历史商业区以"五街九巷十八坊"和"引水入街"作为建筑街巷与景观空间特征。"城以塔兴,街以水逸",恢复"水塘塔影"的历史风貌,打造抚河内岸景观带并设水上慢行交通系统。

建筑风貌特色以原有的城市空间肌理，合理布局，构建"新赣派"的建筑风貌控制体系。通过业态策划定制，探索特色综合商业街区的创新整合模式。连续瓦屋顶肌理的营造，形成"脊山街水"式特色立体街巷漫游体系。在保留大部分的住宅建筑基础之上，局部重点打开绳金塔的视线通廊，进行建筑修缮、改造、加建、新建，对建筑进行整体的提升，同时结合"引水入街""内退灰廊""外扩骑楼"的形式和综合管线的整体改造等方式对项目范围内的街区进行系统性设计。

在景观的营造上，原则上对于街区树木进行保留，金塔西街与重要节点空间增加绿化景观的配置，同时强化水系与景观铺设、公共艺术的结合。街区水景以抚河为主要供给水源，经泵房处理后到达金塔广场中心水池。中心水池将水向北引至绳金塔园区中的泮池，向南引至十字街南入口处的水景。由高点顺势而下形成1.5m至2.5m左右宽的水系，最后汇聚至金塔广场中心水池，再通过暗管排入抚河，形成良好的水循环。景观水池结合拱桥造景，位于街区的入口处，在满足消防的同时，有效隔离车流，起到人车分离的作用。在功能上以蓄水作用为主，水中植入石灯笼、盆栽荷花等公共艺术品，为水系增加文化内涵。

绳金塔街利用现状围墙进行改造，增加文化展示空间。同时开设多个人行出入口，打开公园封闭的现状，强化内外互动。拆除公园入口现有建筑，免费开放。现有牌坊内退，结合两侧绿化强化入口景观，更好地保证人流出入。拆除原有围墙，建筑内退，新建"美食院宅"商业建筑，点式布置。以现有民俗博物馆为源头，展现南昌文化。另一方面，建筑内退后加大绳金塔的使用宽度，增添商业范围，增强公园内外的人流吸纳功能。

公园内部梳理隆兴戏台前广场，植入核心公共艺术，展示"金塔传奇"文化；利用现状良好的绿化空间，设计园路环线，结合小型景观节点，满足游客的游园需求；内部所有建筑保留，部分修缮，并在此基础上设计"百米游廊"，打造园林与建筑相融合的总体空间氛围，高度场地化和园林化的设计，增强和丰富了游园体验。

设计将绳金塔和大成殿建筑的台基进行整修和调整，强化中轴对称的空间布局特征和提升建筑整体品质。隆兴戏台和千佛寺建筑做适当的修缮和立面改造，将其功能与场地的使用更为紧密地结合在一起。隆兴戏台南部广场通过游廊一分为二，一部分纳入南侧的园林板块增加园林空间的纵深感，同时保证了观看戏曲表演的场地。千佛寺广场两侧增加围合空间的游廊，在打开入口空间的同时增强入口空间的围合感，成U字形空间布局，主广场入口处增加鼓亭和钟亭，强化空间的对称感和场所感。在园区的北部增设入口的广场空间和入口的园林空间，重新塑造园区北部良好的空间氛围和对周边杂乱建筑的视觉遮蔽作用。

4. 公共艺术

绳金塔商业特色街区构建了一套画龙点睛、雅俗共赏、情景交融、参与互动的公共艺术体系。通过《金塔传奇》《南昌九墙》《乔迁大吉》《九佬十八匠》《地景艺术》等公共艺术作品，讲述了老百姓身边自己的故事，打造了一条公共艺术精品长廊，极大地丰富了绳金塔美食街区的空间体验质量，文化景观和时间维度的场地视角。打造完成了最具市井风味的本土文化与街区精神，重新聚集城市文化的气场，让"绳金塔街区"成为南昌市井文化复兴、文化产业崛起的综合性平台。

大型主题文化灯光秀《金塔传奇》采用3D投影、高科技声光电手段，以保留的绳金塔、隆兴戏台与千佛寺白墙作为灯光秀的载体，随着音乐与画面的跃动，成了"旅游场景"中最核心的亮点。通过一场灯光秀，把流传千年的金塔故事展现出来，使观众了解南昌的历史文化，又凝聚了人气，盘活所有的业态和商业，让游客住下来，游起来。

《南昌九墙》遴选、框定、重组、重塑了南昌9面老墙，重新培植金塔美食街区，以强烈的视角震撼传达当下公共艺术创作理念的核心价值观。《乔迁大吉》定格绳金塔棚户区一户典型家庭正在卸车乔迁新居的镜头画面，以彩塑表现，结合互动装置，传达现在城市改造中以民为本的终极关怀。《九佬十八匠》反映南昌地方民间传统文化，结合"系马桩"造型，将洪城九佬十八匠塑造为极具喜庆吉祥趣味的民间艺术形象，以阵列或"见缝插针"的方式植入美食街区，重现南昌百业兴旺的民俗场景。《地景艺术》通过采集南昌具有历史意义的视觉特征和不能保留的老墙体、老街景等城市生活遗迹，形成地下历史碎片与地面街区空间对话的视觉奇观。

5. 夜景照明

金塔街区的夜景照明围绕夜市、夜游和金塔传奇的灯光秀，整理绳金塔街区道路界面，提炼特色建筑元素，通过多种照明手法，强化传达绳金塔街区特有的文化内涵。点亮城市生活，重塑坊巷的市井业态，营造时尚街区品质，创造商业活力，丰富夜游活动，呈现"缤纷迷人金塔街，市井民俗风情夜"的独特风貌。

南昌市绳金塔商业特色街区获得了业界的一致好评，荣获2016年度浙江省建设工程"钱江杯"二等奖、"西湖杯"一等奖、2016年"第八届中国照明应用设计大赛"杭州赛区景观亮化单项一等奖、2016年"第八届中国照明应用设计大赛（祝融奖）"全国总决赛城市景观银奖、2017年"浙江省风景园林设计奖"一等奖、2019年度"SRC优秀城市街景作品"荣誉奖、2019年度"中国风景园林学会科学技术奖（规划设计）"三等奖等奖项。陈继华及设计团队通过"1+N"的设计模式，打造了"复合型的历史街区"空间体系，将历史街区空间与现代商业有机结合，以公共艺术载体为核心进行设计创新，探索出了一条历史街区活力复兴的道路和一种历史街区传统向现代过渡的表达方式，该项目也成为国内历史街区更新与改造的一个范本。

黄志勇
Huang Zhiyong

中国美术学院风景建筑设计研究总院有限公司第四综合设计院室内总工程师
2019年湖州安吉尔庐度假酒店获得第九届筑巢奖
2013年杭州菩提谷精品名宿获得个人艾特奖

致力于研究空间与人的共鸣，敬畏传承，不拘传统；以生活至上，生态先行的设计理念；注重当代、人文、艺术的结合；坚定不忘初心，方得始终的思想。

"消失"的建筑：尔庐·澄然居

所在地址：杭州安吉

建筑面积：1103 m²

设计时间：2015—2018

———

一、设计缘起

尔庐·澄然居位于浙江省湖州市安吉县天荒坪镇港口村陶子坑，此地山川竹林密布，满目翠绿。尔庐是一个逃离城市的民宿体系，希望能使面对生活重压的人们得到一次心与自然的接触，以此释放身心，澄然居是这一体系实现的第一步。设计师用"消隐"的设计手法，使建筑消失于自然、隐匿于时间，置身于此仿佛天地间只有自然与自我，一切皆为虚空，"一觉安眠风浪悄，无荣无辱无烦恼"，生活的烦恼也随之化虚，俨然一处"澄然之境"。

1. 澄然之境

面对现代生活的快速与紧张，城市的浮华与喧嚣，设计师向往能在某一个闲暇的周末，寻一处静谧，作一次短暂的逃离。名字中"澄然"正体现了设计师对"离别繁华世，归隐山竹林"的向往。"澄然"取自明朝崔铣《六然训》中的"无事澄然"，意谓无事之时澄明清净、心境淡雅，能享闲暇之福，宁静致远、心无芥蒂，一扫尘世缘系之忧，如竹林森然，幽静深远，清净怡人。"澄然居"就是一处能使人远离尘嚣闹市、摆脱生活压力、静享自在无忧的澄然之所。

建筑选址于一处山谷，端坐于路的尽头，沿山路蜿蜒而上，远处竹林环抱，近处水杉婆娑，山泉顺势而下，层层叠叠。盒子状的建筑被石墙与木栅包裹，与群山完美交融，被植被覆满的一层建筑犹如山中洞穴，意趣盎然。置身其中，恍若隔世，大有"物有天然之趣，人忘尘世之怀"的境界。

2. 骨子里的中国

中国民宿起初只是在杭州西湖、云南大理等著名景区附近发展，逐渐出现当地居民利用自家空闲房屋，为游客提供住宿和餐饮服务的形式；继而一些有情怀的青年回到淳朴的乡间，打造"诗意的生活"；再到如今乡村振兴背景下，民宿已然成为带动乡村旅游经济发展的重要产业。民宿建筑也从普通民居更替为展现地域文化特色的综合体，但目前国内民宿在建筑形式上较为缺乏在地性和时代特征，在地域文化特色展现方式上简单粗暴，故整体建筑设计缺乏有机的思考。

在有机建筑理论中，建筑常被视为一个有机生命体，它不是对自然的摹仿，而是由内生发，与自然和谐共生。民宿建筑是最能体现有机理论的建筑形态之一。然而，澄然居的设计师黄志勇认为，在强调民宿的自然性、在地性之外，还要体现时代特征，符合现代人的生活习惯和使用要求。澄然居就采用了极具现代特色的几何建筑形体。几何体依势堆叠，形成与普通民宿全然不同的视觉外观。同时，在地域文化的导入方面，设计师希望将安吉的竹文化、白茶文化以及中国传统禅道文化融入整体建筑之中。他将文化融于艺术，有以儿时拼接竹筏为灵感，富于童趣的竹质拼接艺术装置；有使用六到八万根竹签，以"无为"设计理念创作的扦插艺术装饰……传统文化在设计师的手中被赋予了新的艺术生命，与建筑一同成长、相辅相成。除此之外，他还利用木栅营造的竹林意象、抬眼可见的幽篁景色、茶园忙碌的采茶姑娘、自然相生的无为设计……在看似无意的设计中，使这些文化脉络浮现在建筑的各个角落。在有机理论的指引下，建筑与时代、自然、文化相融合，使其在现代有机形体之下，有着骨子里的中国。

二、消失在自然之境

"澄然之境"的关键在于能否达到人与自然的和谐关系,进而实现人与自然的亲密对话。人存在于自然之间,但无法直接依存于自然,借由建筑才得以在自然中安然自处。故建筑成为连接人与自然的媒介,是理解、思考人与自然和谐关系的关键——也就是说若要达到人与自然的和谐关系,首先要达到建筑与人、建筑与自然的密切与和谐;若要实现人与自然的亲密对话,则要弱化建筑的场所感,使建筑"消失"于自然。建筑的"消失"主要在于其自身的"消失"与带给人的"消失感",即建筑的"隐秘"与空间的"无界"。

1. 建筑的"隐秘"

建筑的"隐秘"包含两个方面内容:一是建筑的隐秘性,二是建筑的私密性。

就建筑的隐秘性而言,澄然居所在的陶子坑,山坡上竹林郁郁葱葱,建筑旁水杉错落有致。密竹和水杉对建筑起到了很好的遮蔽作用,若非走近,很难发现这处"世外竹源"。在环境优势的基础上,设计师又利用建筑界面增加其隐秘性。首先是自然建材的使用。建筑的主要界面都采用岩石材质,建筑整体犹如自然中的岩石般层次分明,与自然中的石块相呼应,置于山谷之中显得格外融洽和谐;建筑二层的外立面用木栅围合,似密竹排列的木栅,与竹林相得益彰。其次是自然植被的使用。一层建筑的外露屋顶被植被覆盖,与背后山坡植被相连接,与屋前顺势而下的水景景观相呼应。自山顶俯视,与山谷景色完美融合,仿佛山谷中一处寻常的风景。

就建筑的私密性而言,澄然居自身环境相对与世隔绝,本就给人以私密感,设计师又通过建筑朝向的设计和建筑外观的装饰增加建筑的私密性。澄然居打破了山地建筑的惯例,整体建筑面朝山谷,背对山路,自山路走近,只能看到建筑背面,而无法知晓庭院景象。同时二层建筑利用木栅遮掩了来者的视线,给人一种若隐若现的朦胧感。

2. 空间的"无界"

空间的"无界"是要弱化建筑界面的物质属性,在人的视觉上达到空间的模糊与流动,即模糊内外空间的边界,使内空间与外空间相互流动,以此达到感官体验上的建筑的"消失"效果。

除了建筑的结构主体采用石材、混凝土外，澄然居根据建筑空间的用途，选择了不同透明度的立面墙体。一层为公共空间，立面多采用玻璃墙面，玻璃的通透感形成了内空间与灰空间的无限扩展，模糊了室内空间与室外空间的界限，使人虽置身室内，却有融于自然的感觉。二层是四间客房，需要一定程度的私密性，因此增加了木栅的使用。斑驳的木栅并不影响内外空间的交流，在尽量保证私密性的前提下完成了与环境最大程度的沟通。室内外空间的无界，灰空间的延展，使人无论置身建筑何处，都能感受到与自然的亲近，从而弱化了建筑的存在感。

在建筑内外空间"无界"处理的基础上，澄然居的室外景观规划设计也打破了规划景观与自然景观的界限。首先，用当地原有的水杉取代围墙，以水杉为中介，将规划景观自然过渡到外部景观，与其融为一体；其次是山泉的引流，室外水景景观是对原有山地溪流的重新梳理，运用阶梯设计使山泉缓缓流过，增加整体景观的动态感，也将人的观景视线在不经意间引向山坡，形成规划景观的延展。规划景观对自然景观的过渡与延展，弱化了建筑整体与自然的相对关系，增加了建筑的"消失"感。

三、隐匿于时间之流

"澄然之境"是为营造一个能使人身心放松的世外竹源，使人忘记这个时代所带给人的紧张与压迫感。人无法选择是否生于这个时代，也无法摆脱这个时代，但可以模糊时间界限，弱化对现世的感受。过去、现在和未来是一种主观意识的划分，没有客观的明确界限，它们最终会全部演化成为一个个瞬间的时间节点，而存在于这些瞬间节点的事物则是我们分辨的依据。澄然居利用建筑材料和植被，将过去、现在和未来一同混入人们的感官体验，一方面使其成为时间的混合体，另一方面也使其成为存于长久的永恒之物，通过感知淳朴的过去、展望美好的未来，将人们的关注点由现在引向过去和未来，使人暂时忘却现世的压力、舒展身心。

1. 用石头留住时间

时间造就了石头，石头也留住了时间。自然界中的石头在漫长的时间作用下产生并不断变化，时间也化作肌理与形态在这些石头中永久保存。在人的作用下，石头化作石材，经过多年的沉淀与积累，将当地的历史文化也一同保留。澄然居就是一座以钢结构为基础，再由一块块石头逐个堆砌而形成的结构与装饰一体的石体建筑。它的石头承于传统，存于现在，留于未来，是整体建筑的生命所在。

澄然居的建筑用石是因城市化而拆除的福建传统地基用材，不仅有着千万年自然历史的痕迹，更保留了福建传统民居建筑的文化传统，人文与自然的共同作用使其形成了不可模制的时间印迹。为了将这种时间印迹直观地展现在人们面前，设计师对石块进行了一系列的处理：对石块进行切割，使其规格统一；用沙子进行缝浆处理，美化石块缝隙；打磨建筑边角，防止石块刮擦；进行石缝防水处理，保障使用功效；润化石块外露面，柔和建筑空间……最终将石块转变成建筑结构与装饰，使人能在此感受过往时间的更迭，欣赏时间留下的美好。

设计师认为时间是值得我们尊重的，时间所积累山石的纹理和形态是我们无法复制的。他不仅在澄然居中改变石基的用途，以此留住时间，在他设计的很多建筑中都会用到老旧的、带有时间印迹的物件，将时间凝固于建筑，展现在人们面前。

2. 将建筑留存于未来

将时间凝固于建筑是使人看到过去与现在，将建筑留存于时间则使人看到未来，使人看到建筑存在于未来的可能性，看到建筑的持续发展性，看到建筑在未来的"生长"，这就要求一方面建筑本身要有长远存在的可能性，即牢固的建筑本体；另一方面，建筑要具有可持续发展性，即资源环保和生态和谐。

"复此经过三十年，唯应岩石故依然"，岩石的坚硬质地使其存于长久，也赋予了石体建筑屹立于时间的不朽，故澄然居的石体结构本身就使其具备了牢固的建筑本体，有了存在于长远的可能性。在建筑的可持续发展方面，澄然居无论是在建筑主体还是在室内外装饰上都坚持环保用材，以使建筑无害于人的身体，达到建筑与环境和谐共处。除了对老物件的再利用、环保材料的使用，澄然居还就地取材。设计师将建筑施工时挖到的一些石头保留，使其作为装饰而继续"在地生长"，既增强了建筑的在地性与生态性，又实现了资源环保；在室外水景植物的选择上，也都使用该地区原有的植物，既防止了植物水土不服而造成的浪费，又增进了建筑景观与周边自然景观的融合，实现了生态的和谐发展。

澄然居以牢固的建筑、和谐的姿态盘坐于安吉的乡野山间，时间会使它不断生长，它也会隐匿于时间之流，使时间凝固，让岁月永恒。

在快速的时代发展节奏下，人们越来越注重建筑的品质，不仅仅是建筑外在形式的个性表达，更在于建筑对人情感的关怀与思考、建筑与环境的和谐共生、建筑对于地域传统文脉的传承。而尔庐·澄然居正是基于这种"以人为本，天人合一"的美学需求，通过对建筑空间和时间的消隐化设计，形成人与自然，人与时间及自我的直接对话与思考，独与天地精神往来。

陈 林
Chen Lin

中国美术学院风景建筑设计研究总院有限公司室内设计创作委员会执委
1997—2016 杭州山水组合建筑装饰设计有限公司设计总监、董事长
2016至今 杭州陈林装饰设计工作室(design lin) 设计总监
2016亚太十大最具影响力设计师
2016中国设计年度人物
2018—2019年度中国设计品牌名人榜十大领军人物

像宋人一样生活。读书画画，品茶赏竹，焚香点茶，簪花出游。

摩登中式：玉玲珑餐厅设计

所在地址：杭州黄龙

建筑面积：1000 m²

设计时间：2017—2018

玉玲珑餐厅位于杭州黄龙饭店西门，历时一年零六个月装修，印证了设计师陈林对美的探索与追求。在这里，设计师造园于室内，设境于无形，将其所推崇的宋文化加以酣畅的表达，将其所追求的摩登中式进一步升华。

一、宋文化的当代表达

无论是浮华浓情的"金碧辉煌"，还是深蕴传统的"知味观"，或是自然和谐的"粤浙会"，亦或是古典摩登的"玉玲珑"……设计师陈林一直都在追求中式元素的充分表现，尤其推崇宋文化的当代表达。他认为宋人对居住环境的精雕细琢远超后人的想象，其文人审美取向所蕴含的理念也尤其值得后人借鉴。因此，他的作品都贯穿了"宜设而设，精在体宜""删繁去奢，绘事后素""因景互借"等传统的、东方的设计理念。

"宜设而设，精在体宜"中将"宜"作为室内设计的核心概念和价值标准，讲究室内设计要"因地、因人制宜"，要"宜简不宜繁"，要"宜自然不易雕琢"。一如文震亨在《长物志》中所描述的"一般设卧榻一、榻前仅置一小几，几上不设一物；设小方杌二，小橱一；室中清洁雅素，一涉绚丽，便如闺阁中，非幽人眠云梦月所宜"。

"删繁去奢，绘事后素"是宋代追求简淡、自然的文人审美的体现，是要避免室内设计过于复杂、奢华，而追求自然质朴之美。"删繁去奢"是对"度"的把握，讲究适度、适中、和谐，从而以小见大、以简蕴繁，用合适的尺度进行室内空间设计，使其和谐地存在于一个整体之中；"绘事后素"是对自然美的追求，一方面崇尚师法自然，另一方面提倡回归事物本身的质朴之美。

"因景互借"是运用园林建造技巧，将本不属于规划范围内的景物，通过一定的空间布局和详细规划"借用"过来，成为整体空间的组成部分，使有限空间得以无限扩展。通过"因景互借"统筹考虑小环境与大环境，以艺术性的手法实现生活空间的拓展。

宋代是中国历史上文学艺术到达巅峰的时代，人们懂得什么是真正的生活，他们有品茗饮酒、诗社集会的雅致，也有游山玩水、泛舟垂钓的诗意，他们会慢下来享受生活的美好，而现代社会中的人们却因忙碌而无暇他顾。好的生活不在遥远的地方，而在眼前的当下。设计师希望通过他的设计使当下的人也能像宋人一样生活，一样精致地读书画画、品茶赏竹、焚香点茶、簪花出游，玉玲珑便是基于此的设计实践。

二、室内造园

对于室内设计而言，设计师需考虑的不仅是空间的功能使用，还有对空间的美学营造，以让使用者拥有舒适愉悦的感官享受。玉玲珑便是要通过传统东方美学的空间营造，使人们再次感受到古人闲适的生活意趣。那么东方美学的源泉何处去寻？园林是最有代表性的。宋徽宗造艮岳，理水掇山，宣和四年成之，所谓"括天下之美，藏古今之胜"，《艮岳记》中记载其"冈连阜属，东西相望，南北相续，左山右水，前溪后垄，连绵而弥满，叠山而怀谷"。艮岳可算是艺术空间理想性的呈现。可惜后世不存，只留下了一些遗石，让后人怀想并亲近。玉玲珑者，花石纲之遗石也。玉玲珑定名的初心，正来源于这种人与自然关系的延续，更是中国人谐世生活态度的体现。

园林之妙，重在以文造之。造园的技巧在于意境的营造，一味地复制或者抽取一些传统符号作为室内设计的理念，都不是设计师想要表达的，他希望实现的是现代建筑设计背景下的传统审美实践。日本书者良宽，不喜书家之字、厨师之菜、诗人之诗，认为其中只有技巧而缺少自性，徒具其表而乏真味，一本正经而少了自然品质。归根究底，是缺了情的表达，而失了意的营造。设计师出于对传统文化的热爱，而在玉玲珑营造了文人游园的意境，其立意与包容能力皆超越了室内设计本身。玉玲珑的设计以文立意，以空间转换为手段，以光影造景，以书画合境，空间动线入口与出口首尾相顾，形成一条完美的环线。选自不同书画名家的作品，以及西方名家的现代家具，在每一处空间里一一对应，毫无违合。每个空间属意也有了不同的心意，所谓意在言外，以"意"为室内设计的内核，将"意"融于空间，使人细细品味。

沪上豫园的赏石"玉玲珑"，石高四米，宽近三米，灵巧润秀，具七十二孔穴，若置一炉香于石底，便会孔孔出烟，如同云岫。餐厅玉玲珑之设计可同石意。设计师以空间为石，时间为索，用现代建筑的手法重新组织空间，通过片墙的重叠、断续、退让，让客人行在其间，如随小径蜿蜒穿行。一侧溪流叠动，百鸟间鸣，又似乎行走在山阴道上。所见房间也各有不同，房间对外的墙体都有落地大窗，更有院落穿插其间，茂林修竹、山石绿苔点排得当。十余间房，对应了东坡先生的人间十六乐事。入口登临，有此岸彼岸之感，如清溪浅水行舟，微雨竹窗夜话，廊道石阶细致处刻有蝉虫蜻蜓，如暑至临溪濯足，柳阴堤畔闲行。包间有雨后登楼、花坞樽前、隔江闻钟、月下吹箫、晨兴茗香、午倦藤枕、飞禽自语、汲泉烹茶，抚琴知音，还有开瓮忽逢陶谢、迎客不着衣冠等名字。在动线的末端，也是餐厅沿街入口的位置，设有一个散座厅，对应十六乐事中的"乞得名花盛开"，花彩满顶，如同天降。由玉玲珑入口至包间区、散座区，立意与空间无不对应，这样的布局结构可同园林之妙。

在玉玲珑餐厅的室内设计中，有关宋代审美推崇的那种深远闲淡的谐世精神无处不在。身处此间，如同宋代西园雅集的一次再现，"人间清旷之乐，也不过于此"。

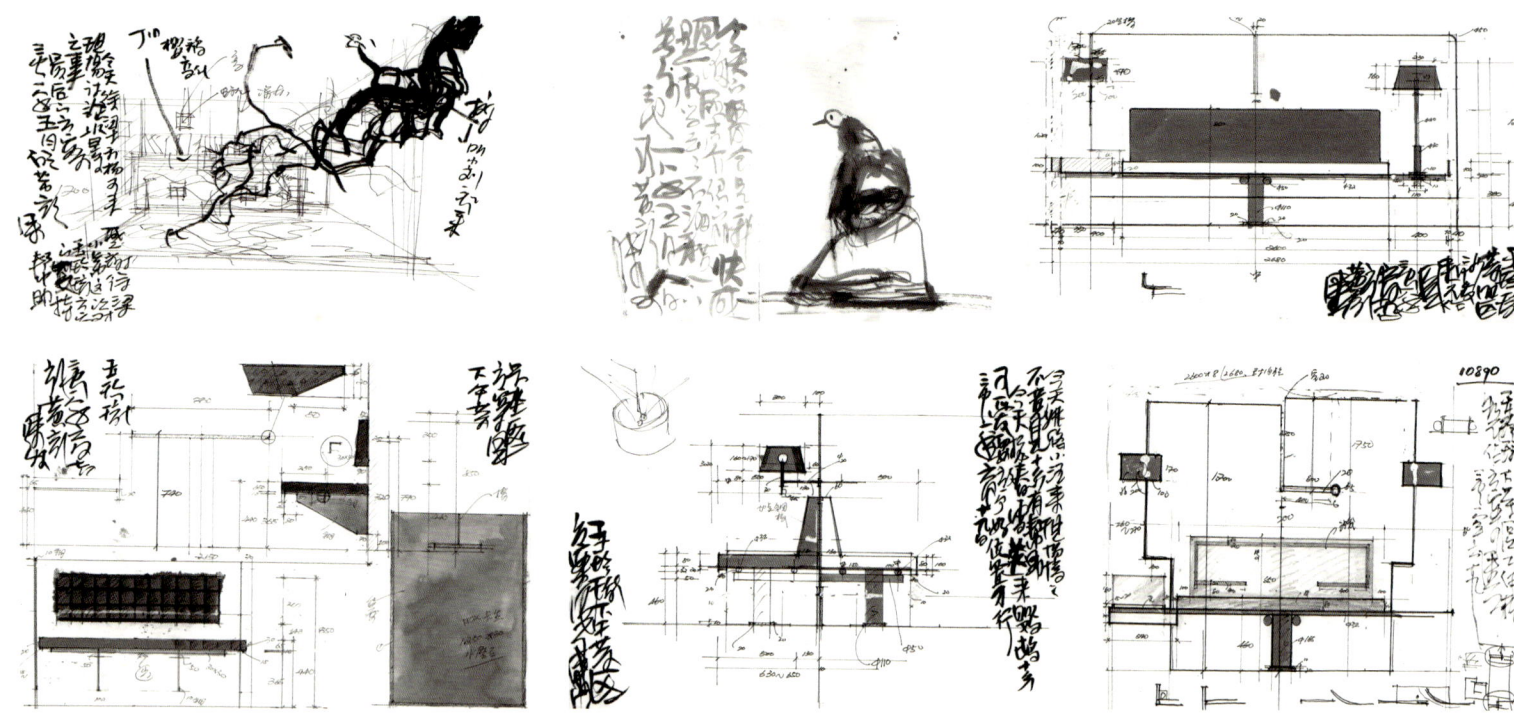

三、摩登中式

对于设计师陈林来说,推崇传统不是与现代决裂,相反,他所崇尚的"摩登中式"一定是时尚的,他是用一种"旧"和"土"的手段,来做与"旧"和"土"的决裂。

在陈林之前的许多空间设计中,人们经常可以看到古典的挂落、门板、几案经过分离、切割、变色甚至重组,成为新的空间构建和装饰,而若干脱胎于原型的家居设计也显得才思飞扬。例如"金碧辉煌"里那杂糅着蒙太奇一般的场景片段,描花漆器几案搭配着繁复的贵妃椅,狂草镶嵌在贵气十足的巴洛克相框中。如果说陈林之前的空间设计是迷恋古典元素的拼图,那么"玉玲珑"则有着其更深层的思考轨迹与丰富的个人维度。在"玉玲珑"中,人们更能感受到形态、材质、光影,乃至空间关系的追求,甚至集于时间的陈列与对话……其设计已经从表象界面装饰走向了更深层次的场所意念的精神表述。尤其在"玉玲珑"那深玄幽禅的廊道空间中,聚集着一股清晰有力的东方意境,并在此境中蕴藏着被斯文与沉静所包裹着的狂野能量。以至于昔日以装饰为主体目标的设计,已然转变为当下设计之始的媒介,装饰仅仅作为承载意念转评的一个道具而已。用陈林的话说:"就是从审美到哲学的设计发展。"

除了传统元素的拼合与传统意境的营造,陈林的"摩登中式"还体现在他的设计方式上,这种方式完全可视为对现行西方设计体系的一种颠覆。通常从空间整体界面到布局节点,以平、立、剖正投影表达的普遍建筑法则,在陈林的设计中遭遇挑战,连同颠覆的还包括工具媒介。他的许多设计草图完全出自中国毛笔,边叙边诗,又以随性作图的散漫方式,以设计师的灵性才情,加上艺术功底及传统文化修养,进行独特的综合表述。如此片段化、扁平化地记录整个设计思维轨迹的做法,一如传统中国造园的建筑方式:一群文人墨客吟诗作画,将设计意念通过宣纸毛笔,以文人方式逐渐展开,直至最终完成。这种看似非科学、非逻辑、非专业的方式,其实是陈林基于传统文人雅致的、抵抗西方科学制图逻辑的一种东方式自然表述。

"摩登中式"其基础为"中式",精妙在"摩登"。对于"中式"的表达,陈林超越传统元素的使用,注重对传统意境的营造;对于"摩登"的运用,陈林所强调的不是将传统与现代拼合,而是传统与现代的不拘一格。"摩登中式"是传统与现代的相互作用,是东方与西方的相互融合,是传统中式在当代新的发展,是中国或东方设计师对本土、本民族文化的深层感悟和创新表达。

刘丰华
Liu Fenghua

中国美术学院风景建筑设计研究总院有限公司第五综合设计院院长
高级工程师
浙江省环境艺术家协会理事
全国优秀中青年设计师

师法自然,艺术融入空间。

东方生活方式的唤起：西溪绿草地休闲空间设计

所在地址：杭州西溪

建筑面积：1500 m²

设计时间：2010—2012

—

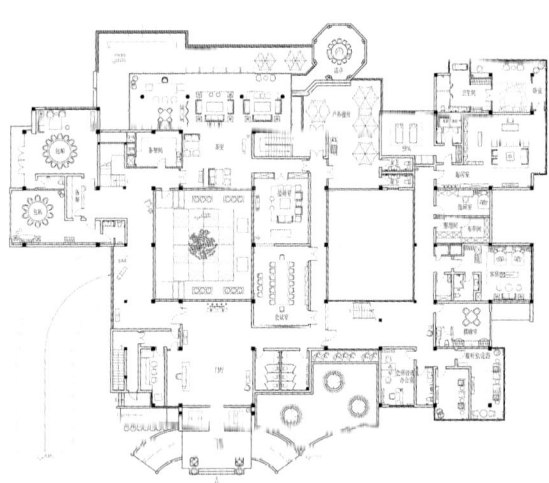

一、对室内设计发展的认识

本项目的设计，基于设计师刘丰华对室内设计发展阶段的深入思考。他认为中国室内设计大致经历了四个发展阶段：

第一个阶段，设计师更多考虑的是具体的某个面、某个点，着眼于细节设计，未能考虑到室内环境的整体感；第二个阶段，设计师虽然已能用全局眼光观察室内空间的整体性，但忽略了家具配饰方面的考量；第三个阶段，室内设计缺乏一种空间体验感，即如何给予人甫一进入室内空间的感受，包括视觉的第一印象、感官的综合体验等；第四个阶段，是当前室内设计所处的发展阶段，设计师开始重视空间体验感的营造，同时注重"无设计的设计""少即是多"等设计观念，追求将设计化于无形的效果。受"师法自然"理念的影响，产生与建筑、景观设计领域相似的设计目标，即室内设计应由其所处的空间中自然生发而成，并与之浑然一体。

室内设计发展至第四个阶段，已经走过了重视装饰和材料的必经之路，在当下则着眼于分析人的行为及痕迹，重视人的情感体验，从而回归生活的本源。

二、"新中式"风格思考

1. 摒弃流于表面的设计

在室内设计界,前些年流行的"新古典"风格一味追求大理石等昂贵材料带来的奢华感,造成资源的大量浪费,引起室内设计师的反思。近几年,"新中式"风格作为业内热点话题之一,相关设计实践层出不穷,学术讨论不绝于耳。

究竟什么是"新中式"风格?似乎没有一个确定的模式和定义,每个设计师都有自己的理解。但很显然,"新中式"这一名称不能仅仅是一种符号,其核心在于设计的过程,即经设计师之手赋予其功能,在室内空间中所体现的一种生活方式。刘丰华认为首先要摒弃流于表面的设计,通过设计发掘真正的传统生活方式。比如他在"洪钟别宴"室内设计中运用了经典的传统家具形制,将焚香、品茗、挂画、插花等多种生活行为和场景融入空间设计,以唤起现代人对传统生活品质的理解和向往。设计师通过文献解读和设计复现,抵达传统中式美学所反映的生活本源。他认为不能对传统进行表面化、符号化、概念化的表现,不能生搬硬套。

2. "师法自然"的设计动机

如果"新中式"是一种风格,其背后真正的理念则是"师法自然"的设计观。

西溪绿草地休闲空间突出休现以自然为旨归的理念。项目处于杭州西溪湿地内部,四面河港密布,绿树环绕,是休闲怡情的好去处。该休闲空间结合西溪湿地的文化特色,将隐逸文化贯穿于整个室内空间,体现出浓郁的自然性和文化性。将各种自然生态元素融入其中,营造一个温馨、含蓄、宁静却不失时代气息的空间。

西溪绿草地休闲空间所在的外部建筑经过重新整修,面湖一侧全部设置落地玻璃,将室外自然景观毫无障碍地引入室内。同时有意扩大廊檐的灰空间,在此布置休闲桌椅,将内外之景充分融合。以中国古典园林中的"借景"之法,使人与自然在此处达到"你中有我,我中有你"的和谐氛围。正如设计师所描绘的:人立于窗前,眼前便是一池碧水,如若哪一日雨落悄然,把茶一盏,与知己好友雨话西溪;或者落雪之时,在静一色的雪白里,让七弦声起,是何等的意境!岸边花树尚少,过季开败的荷花残留池中,凝眸处,心中亦能生出一束莲花……内外融通,将室内设计向自然延伸,充分发挥周边自然环境的优势,人与自然的密切关系在此得到深层契合和统一。

"师法自然"的另一层意思,是自然而然的设计手法,即"无设计的设计"。在设计师的作品中,它们以一种"只可意会"的直觉或灵感的形式存在着。一处空间,其本身所具有的气质,其所处的环境对它产生的影响,人所处其中的自然行为痕迹,都是这个空间独一无二的气场,因而需要发挥设计师对空间气质的灵敏嗅觉,并顺应空间气质进行设计,最后才能产生如自然生成般,看似"无设计"却又"合理"的设计。

自然而然的设计,注重的是人进入室内空间的第一印象和综合感受,重视包括视觉、听觉、触觉在内的多重感官体验。西溪绿草地休闲空间内的布置以少胜多,重在营造气氛和精神场域。温馨的木质格栅,回归自然的鸟笼吊灯,古朴的青石,亲切的复古木地板,写意荷花抱枕、陶质台灯、斑驳的古窗、纸墨书画、典籍茶礼、陈木玉石,充满东方韵味。门把手处,以金属材质表现了落在枝头的一只小鸟,画面饱含生机,充满人情味。设计师通过去符号化的手法,呈现特定空间内的舒适感受,使人置身其中毫无违和感,得到全身心的放松。

三、空间体验感的营造手法

1. 缩小效果图与实景图的距离

在注重室内空间体验感的当下，对空间的整体性讲求不是弱化了，而是有了更高的要求。整体性包括系统性、功能性和个性化三个方面。系统性指对空间的整体考虑，功能性指以室内设计的专业手法体现以人为本的理念，个性化则指体现业主方的个性化需求。

为了达到上述要求，刘丰华认为，从设计效果图开始，就应当力求缩小实景图与效果图的差异。虽然由于实际环境的多重因素干扰，效果图与实景图之间会出现一定的差距，尤其是在光线设计部分，但是不能因此避重就轻。缩小效果图与实景图的距离，另一种方法就是在效果图设计阶段就将家具、配饰等全部考虑进去，在效果图中即体现全盘的设计思考。

在本项目中，设计师将建筑、景观、室内、陈设多个领域通盘考虑和整体规划，避免将眼光局限于室内设计部分。这样全面的设计思考可能会涉及到学科知识的交叉，但却有助于设计理念的完美实现。

2. 突出个性化需求

当下室内设计的发展，正由设计师引导向注重业主个性化需求的方向转变。在具体的设计实践中，设计师为了尊重和体现业主纪念性的个人回忆，由空间属性出发，顺应空间特性，反映空间个性。空间的属性，指空间本身的功能界定，比如酒店、医院等。特性，则指不同属性的空间具有的空间特性，例如，酒店的室内设计应更加注重人的短暂居留体验。反映空间个性，如何体现某个空间的与众不同，需要设计师去研究，也需要结合生活方式的再现。对于个人及家庭室内设计而言，要关注主人的爱好、生活作息等。空间设计的个性发展趋势，包括硬装和软装两部分，软装的配饰和陈设方面，都能够体现空间的个性。

对于西溪绿草地休闲空间而言，为了表达其艺术气息和温馨气氛，设计师通过色彩搭配、材质对比等手法，反映休闲空间的地域性和文化性，同时充分运用大自然赋予的色彩，创造大气、禅静、富于力度的室内氛围。传统文化、现代设计在这个空间中发生碰撞与融合，形成了这个空间独有的空间个性。

会所空间应具备一定的奢华感，但西溪绿草地休闲空间的室内设计基于"师法自然"的设计理念，如何平衡自然元素的朴实美与会所空间的奢华感？设计师通过他的设计巧思给出了答案：他在空间设计中加入名家字画、观赏石等收藏品陈设，以此体现其高端定位。既不会喧宾夺主，也不显得过度华丽，体现了恰到好处的低调奢华及使用者的审美品位。

灯光是空间的灵魂，"灯光是有功能的"。为了达到预期效果，设计师在此项目中，使用专门定制的原创灯具，也体现了设计师在个性化设计中的匠心处理。

在西溪绿草地休闲空间内，灯具造型的设计灵感主要来自于传统灯笼造型的变形。空间内的灯具根据不同的功能划分，分为装饰性灯具和实用性射灯，两者相互配合，以光线设计烘托其他物品的质感。例如，装饰性灯具搭配其他家具、配饰，保持风格的统一，而射灯则辅助投射需要重点照明的部位。和谐的室内灯光设计，需要精准的专业考量。顺应不同功能的光线设计，光线应是流转的、变幻的，在不同的时间节点烘托不同的空间氛围。比如，人们喝茶、聊天时使用的光线与烘托菜品质感的光线就大有不同。

休闲空间整体按照功能分为餐饮区、茶室、会议洽谈区、客房区、休闲娱乐区和办公区，各区之间相互独立又互有贯通，通过光线的合理设计，辅助空间的分区使用。比如，设计师在窗户部分的设计，以木头窗棂分割了光线，营造出室内外空间之间柔和的界限感。茶室分为户内茶室和户外茶室，依托大范围的落地玻璃，在白天采用自然光进行照明，拉近人与自然的距离，创造品茶的安逸氛围和宁静的心理感受。户外茶室采取了亲水平台式的设计，品茶之余还可欣赏水面景色。在晚上，装饰性灯具的古典造型与射灯的配合，营造出一种宁静、清幽却又不失温暖的氛围，无论是在户外还是在户内，品茶者的感受与白天不同，多了几分秉烛夜读式的乐趣。

刘丰华认为，设计如果不能做到有感而发，其作品必是苍白无力的。故而，在设计过程中要有"感"，更要有"悟"。如果设计师自己没有赋予空间以情感和生命，空间就不会焕发勃勃生机。西溪绿草地休闲空间围绕对自然的呵护、对人的关怀，创造生态品质和人文精神的完美统一，简洁的现代设计手法与传统的中式美学达到高度融合，共同成就了这一充满东方韵味的现代室内空间。

金伟雄
Jin Weixiong

中国美术学院风景建筑设计研究总院有限公司空间与环境艺术研究院院长
国家资深室内建筑师、高级陈设艺术设计师
JWX(HK)设计事务所董事
ICIAD 国际设计师联盟理事会高级会员
中国香港室内设计师协会专业会员
浙江省建筑装饰协会设计分会副会长
浙江省环境艺术家协会理事

直面当下繁盛，终未能入得烟火，遂遍寻胸中丘壑，汲百家菁华，晨昏明灭里，不入时趋，逸格为求。观世间，纵使万紫千红开遍，却依旧翩然飘落碾作尘，惟求淡泊于胸，以心换境，不落畦径，简淡清净，即是桃源。

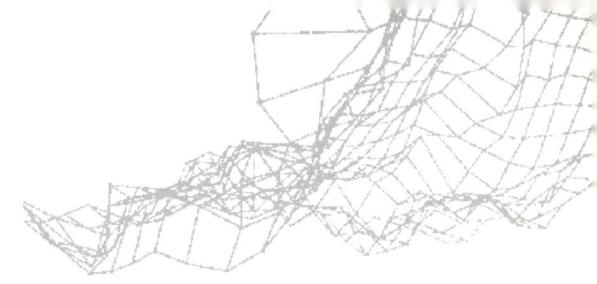

主题文脉阐释与空间设计：
瑞盛国际俱乐部酒店室内空间设计

所在地址：余姚泗门

建筑面积：14400m²

设计时间：2018

―

瑞盛国际俱乐部酒店是百盛文旅集团旗下品牌酒店，共13层，建筑面积近1.5万m²，按照国际标准建造，设计、装修、经营、管理充分体现了艺奢、商务、社区的核心定位。酒店原址是商会大厦，建筑较为传统，外立面呈欧式新古典主义风格。在对整体建筑周边分析后，基本确定建筑外立面不做大的改动。设计重点放在主入口门头及酒店标识系统的有效呈现上，增加外立面光环境设计及景观灯光设计，以此突出酒店主入口的空间氛围及标识性。

酒店位于慈溪湾区经济开发带，前期文化总策划一直关注研究湾区文化和海洋文化，最终结合五行确定了设计的重要元素是水。当水的概念介入空间设计，使空间物象更加活化而具有灵性，空间随着水韵变得更加灵动。水的物理形态设计从外围景观大型静态水面开始，一直延续到大堂中央水景。而精神意象层面则反映在后期的软装陈设中，背景硬包、地毯窗帘、绘画艺术品以及酒店的主题颜色、主题纹样等方方面面得以有序地阐释。

酒店位于转角处，所以对于景观交通分析定位非常重要。交通主入口的设定跟酒店主入口的区别，在路径分析上相对来说变得比较复杂，存在人流车流交叉的情况。因此主体建筑入口处流线与景观互动的关系，相对来说较为密切。车流的进出、人群交织形成互相交错的问题如何解决，为设计带来新的思考。繁杂的交通流线这个问题，只有依靠景观设计来解决。景观是一个交叉的场地，位于这个交叉场地的东面是新建的湾区入口大桥，考虑到交通所带来的压力会给酒店产生一种无形的势，所以设计师在交叉口设立了一面弓形铭牌及水景外壁，弓形的静水建筑，以此来化解这个势。水景内侧做了船型的花池也是对水文化介入的延展，长形花池在这里如舟行水上，像两座雕塑蜿蜒左右。抬高的悬浮状花池体现出水的灵透与动感，花池边用了不锈钢材质也是为了让边界消失，这样地面材质得以延展而扩大了视觉空间。

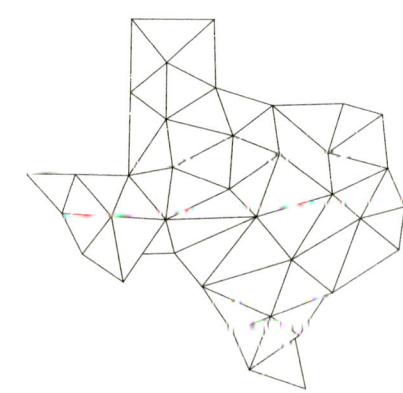

原来建筑的大厅不太合适作为酒店建筑使用，它的进程太薄而且左右呈长条状，东西两边分别设计为总台区域和大堂吧区，形式功能上左右分割后，只有通过文化的关联使其气脉贯通。大厅作为一个酒店的最重要部分，承载着酒店的灵魂。客人从步入酒店的一刹那，便能感知到酒店的氛围及其文化品质。作为设计师，酒店文化性如何呈现是最为重要的，设计技艺、功力与主创设计师的修为相结合，恰如其分地体现出传统文脉绵延的底蕴，隐透于空间本身，传递出本案的文化主题——水文化，江南地域文化的品格意味不能脱离水的滋养。

水的元素是开放的。水能够融于万物，化解于无形。孔子曰："夫水者，启子比德焉。遍予而无私，似德；所及者生，似仁；其流卑下，句倨皆循其理，似义；浅者流行，深者不测，似智；其赴万仞之谷不疑，似勇；绵弱微达，似察；受恶不让，似包；蒙不清以入，鲜洁以出，似善化；至量必平，似正；盈不求概，似度；其万折必东，似意。是以君子见大水必观焉尔也。"水有如此多的品德，故孔子说君子见到大水一定要仔细观察。

在大厅的空间设计中，中央水景是让人感到平静、圆润、祥和的，望向这片水可以让人慢慢地安静下来，抛却杂念，四周的景象反射于水面中，那样的安逸，那样的闲适。这就体现出了对于"静而定，定生慧"的理解。空间的布局采用了传统中轴对称的形式，位于大堂一边的大堂吧，整体立面到顶的书柜，形成一种非常大气静谧的空间氛围。客人可以来这里品尝一杯香浓的咖啡，抑或是一杯温润的红茶，度过一个曼妙的午后。

整体主立面背景墙面以一种灰蓝色的石材与深色的金属相互衔接，在深色背景的映衬之下，突出设计主题——《水舞》雕塑灯。雕塑灯流光溢彩，根据疏密组合变化，一面是水面波浪翻滚，一面如凝珠悬于空中，一面又似山涧肆意流淌，又如海水奔腾不息。起伏的形态如绵延的水面曲尽姿态，于中心水景处，犹如一串凝珠滴落。形成的画面中心感，对应主入口电梯厅高大而敞亮。主端景面整幅的油画山水，取意为余姚地理风貌。水系纵横，并加以抽象化。

在空间设计中，文化的介入是隐喻的、抽象的，就像绘画语言中的隐喻手法，元素的提炼通过抽象化的组合打散构成，形成一种新的面貌，呈现出对自然的一种向往，对传统文化的一种敬畏。水文化的运用以各种形式来呈现，从水表相的一种形态形式感，到反映主题的意境，是内在的美学感知。就像是"弱水三千，只取一瓢饮"。一滴水而出万千变化，设计师在此更想表达的是水背后的一种精神，它能溶于万物的一种精神。这也是中国文化中对于"和"的理解。和而共生，周遭环境的和谐，对于建筑景观和室内空间，都是非常重要的一种共存方式，相互依托相互衬托，方能与相和谐与相融合。水文化作为一种媒介，是对于酒店在地性文化的一种提炼，更是通过一种媒介来融合各个方面产生的矛盾。

由形式美投射到内在美的重要枢纽就是情感的参与，心灵的感悟。每一种布局的微妙变化都会带来情绪感知的变化，反映出不同的文化性格与心理。瑞盛名字中的"瑞"意喻"祥瑞"，也是说明在此浊世之间对于所有美好事物的向往。

酒店拥有36种各具设计特色的客房户型，整体以祥瑞的气象贯穿各个空间内蕴，在精神主线上达到很好的内在协调。室内使用了充满现代气息的暖灰与海蓝色，色彩在温润中统一，但也有一定的跳跃。超大的卫生间组合让视野更加空旷，使整个空间变得宽敞明亮。

相比建筑设计师，室内空间设计师除了解决技术层面的问题以外，会更加关注到情感，以及贴近生活的感受，善于把握心灵本身所追寻的东西。这些内在柔软的一面正是大众所缺失的或想要去追寻的。而设计师就是要营造这种氛围，为大众创造出这样的情感空间，这是在理性基础上更多的感性投入。带着感情，带着诗性，创造这样的空间氛围，以此让受众来感知，来体悟内心深处的向往。

抛开功能主义而讨论美学至上观，固然会被质疑，然而在满足流线、强规、空间功能合理化的基础上，再融入意蕴、诗情、格致等因素，想来大众是不会有所拒绝的。而这种因素在空间设计的一些研究中往往是被忽略的。现在社会经济非常发达，在满足物质的基础上，人们会更加追求这种精神层面的向往。设计师应该担负起这样的职责，而设计师内在的修为变得相当的重要。目前这种情感的关联度并没有在理论层面达到一种诉求，因此需要设计师在自身修为提高的同时去做一些引导，去触动这根弦，拨弄这根弦。表象上的形式美感都会随着岁月的更替而改变，只有内在传递出来的美才能绵延恒远。

朱熹提倡的格物致知理学影响到宋代宫廷绘画，于是写实性被提倡到了至为关键与重要的高度。而中国文化主要的传承，是文人画兴起后对美学的认知，表现一种士大夫精神。而这种精神影响了千年，时至今日人们所要追求的，并非是表面的形式美感。室内空间设计所要追寻的是一条具有意境美、感受美、联想美以及隐喻美学之路。瑞盛酒店室内设计师金伟雄认为，可以将空间设计作为商业去做，也可以将其作为文化去做，关键是设计师具有怎样的目的。社会的发展进程之中，商业目的固然重要，这关乎到业态的发展，城市的更新，以及消费者的需求。而作为文化需求而言，是设计师走向内心，走向自我的一种探究。向外所求与向内索求，这是截然不同的两个方向。内观能够使人平静，发现真我，这是关乎设计师内心的一种释放，而沉淀背后的释放是会带来共鸣的。因此大众审美的提升，和美学工作者的引领息息相关。内在精神美学的传递与成熟，才是一个社会发展不可或缺的重要因素。他指出，设计师所要坚守的这块土地，是贫瘠的，要去忍受极大的寂寞，甚至是委屈，怀揣着一种信念与不舍的理想，方能欣赏彼岸花开……

陈建游
Chen Jianyou

中国美术学院风景建筑设计研究总院有限公司第四综合设计院院长
浙江省环境艺术家协会理事
中国建筑学会室内建筑学院会员

设计：设由心生，计为物存。
设计师：设计师是设计的解读者和执行人，设计是对人、事、物本相的感知，意向的唤醒，结合"本象""意象"再"显现"的一个过程和结果。人有阴阳，事有始终，物有本末，五行三象，缘有所识，方有成果。设计是度人、度事、度物、度我……

商业中的影院·影院中的商业：金象时代影城室内设计

所在地址：杭州九堡

建筑面积：7000 m²

设计时间：2016—2017

1999年至2019年是现代多厅影院启程、发展、展望未来的20年。

这20年的发展，是影院从计划经济时代的"礼堂电影"到文化娱乐和商业，再到当今成为重要的社会公共社交平台的逐渐成熟、逐渐向前的进程。影院也从"礼堂电影""商业里的影院"，逐渐发展成"影院里的商业"，使中国多厅影院形成了具有独特面貌和强大生存能力的商业模式。这是影院行业走向未来赖以生存、发展、壮大的基因。

一、国内多厅影院发展之路

从20世纪90年代末至今，设计师陈建游参与设计了上百个影院项目。多厅影院文化发展，总体可分为三个阶段：萌芽期·胶片技术阶段、回归大厅·IMAX·3D·数字技术阶段、青春期·民营资本全面介入阶段。

1. 萌芽期·胶片技术阶段

20世纪90年代末，"礼堂电影"逐渐衰落，改革开放带来的社会剧变，对以影院为代表的娱乐方式提出了全新的挑战。庆春电影大世界作为中国第一家多厅影院，开启了多厅影院发展历程，尝试了革命性的影院空间观影服务体验。

庆春电影大世界选址杭州庆春路九州大厦（办公楼一至四层），以人流量大为原则。庆春路地段繁华，毗邻医院、写字楼、步行街，是聚集人气之地。

影院在空间设计上打破了一厅观影的传统，以多元空间取代前期的单一观影空间。庆春电影大世界有多达13个胶片电影放映厅。13个从何而来？设计师对电影时长进行数学换算，13个厅同时运转，完成"观众隔15分钟进场看一部电影"的创举，减少观众的等待，实现高效的影城运作模式，开创了新的影院格局。

不过，多厅影院的技术和设备也急待突破。不难发现，当初的放映科技不足以支撑多厅影院的发展，并在短时间内难以解决。研究探寻后，设计师采用改变空间面积的方式，让单个影厅面积变小，以便最大化呈现影厅的声、光、电效果，优化观影体验。

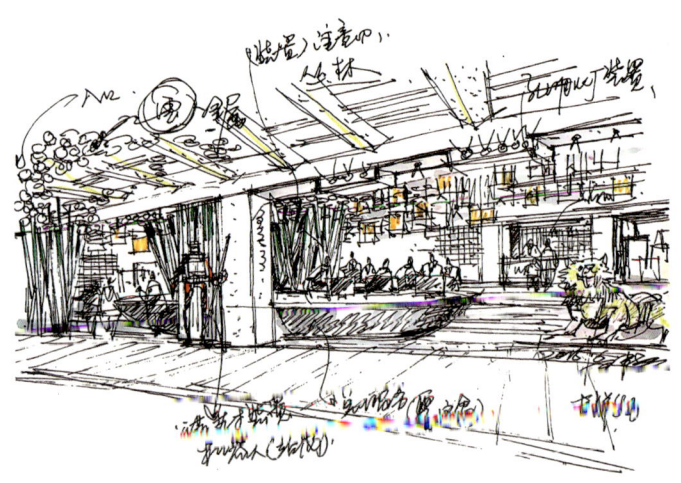

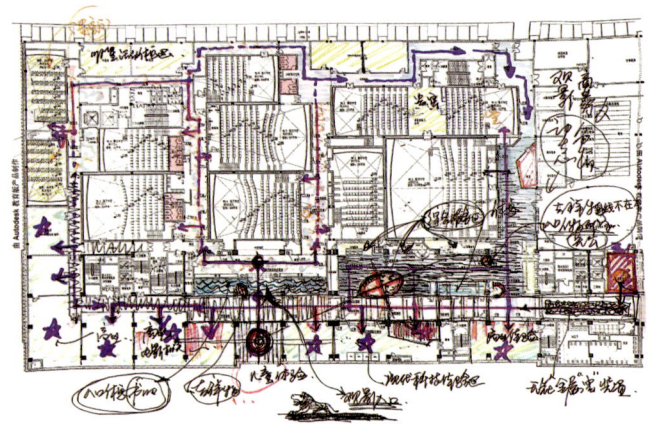

规范、标准，是可持续发展之路。庆春电影大世界初创多厅影院标准，并首次试行影院禁烟规定，影院服务人员的配备与影院的整体容量相吻合。从技术、管理、工作方式等角度初创、完善、发展影院设计规范，树立五星级服务标准。

庆春电影大世界是一种尝试，它打破了礼堂式电影模式，开启了室内多厅影院模式。开业一年内约有一千万元营业额，年人流量逾四十万人次，是实践成功的第一步。

设计师还曾想在杭州吴山广场附近建设"东方好莱坞"影院，有18厅之多，但遗憾的是最终因多种原因未能实施。

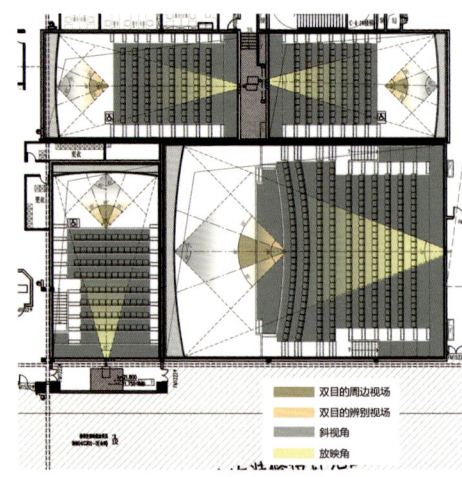

庆春电影大世界是成功的，但其建筑载体高度有限，无法解决观影时前后遮挡的问题。2002年翠苑电影大世界的设计，在关注影院室内设计的同时，亦介入影院最初的建筑结构规划、影院经营策划，包括影厅布局、管线、走廊空间等设置，使建筑满足影院的特殊设计需求。

2. 回归大厅·IMAX·3D·数字技术阶段

2009年，3D电影《阿凡达》上映，数字电影技术的发展"引爆"整个影视文化圈，触动了声、光、电等视觉效果的大革命，一场电影盛宴来临。以三维方式拍摄与呈现，与早期的胶片电影、数字电影不同，需特定的设备进行放映。这时便暴露出各影院硬件条件有限、设备缺乏等问题。3D电影的上映，促进了影院空间、技术、服务、经营、宣传等一系列模式的提升，亦引爆影院向深层次变革的需求。

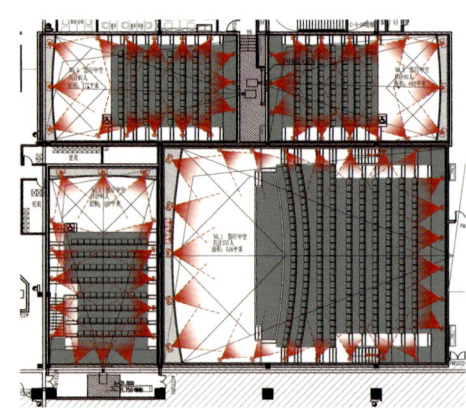

3. 青春期·民营资本全面介入阶段

电影行业的"青春期"，也就是影院在当下的发展，是电影行业酝酿创新与反叛的时期。

"大空间"的回归，是这个阶段的一人趋势；同时，2008年以来，民营企业被允许进入文化市场，民间资本大量涌入。这期间的国内影院，以惊人的速度推进了电影放映专业技术发展，并普及了先进设备，是优势，也存在忧患。

民间资本注入影院市场，不具备从前国营企业的经营情怀，更关注于商业利益的纯粹追求。资本的注入本可以推动电影行业的二次发展，但资本的不确定性以及对电影行业未来走向的看法不成熟，共同导致了电影行业的过热和过量。影院往往成为商业综合体的标配，却没有良好的规划和设计，这种无序发展，伤害的不仅是商业综合体本身，还有电影行业的发展。可以说，影院已经进入一个"瓶颈期"式的自我批判期，在反思中探索和尝试，并寻求电影行业的未来发展方向。

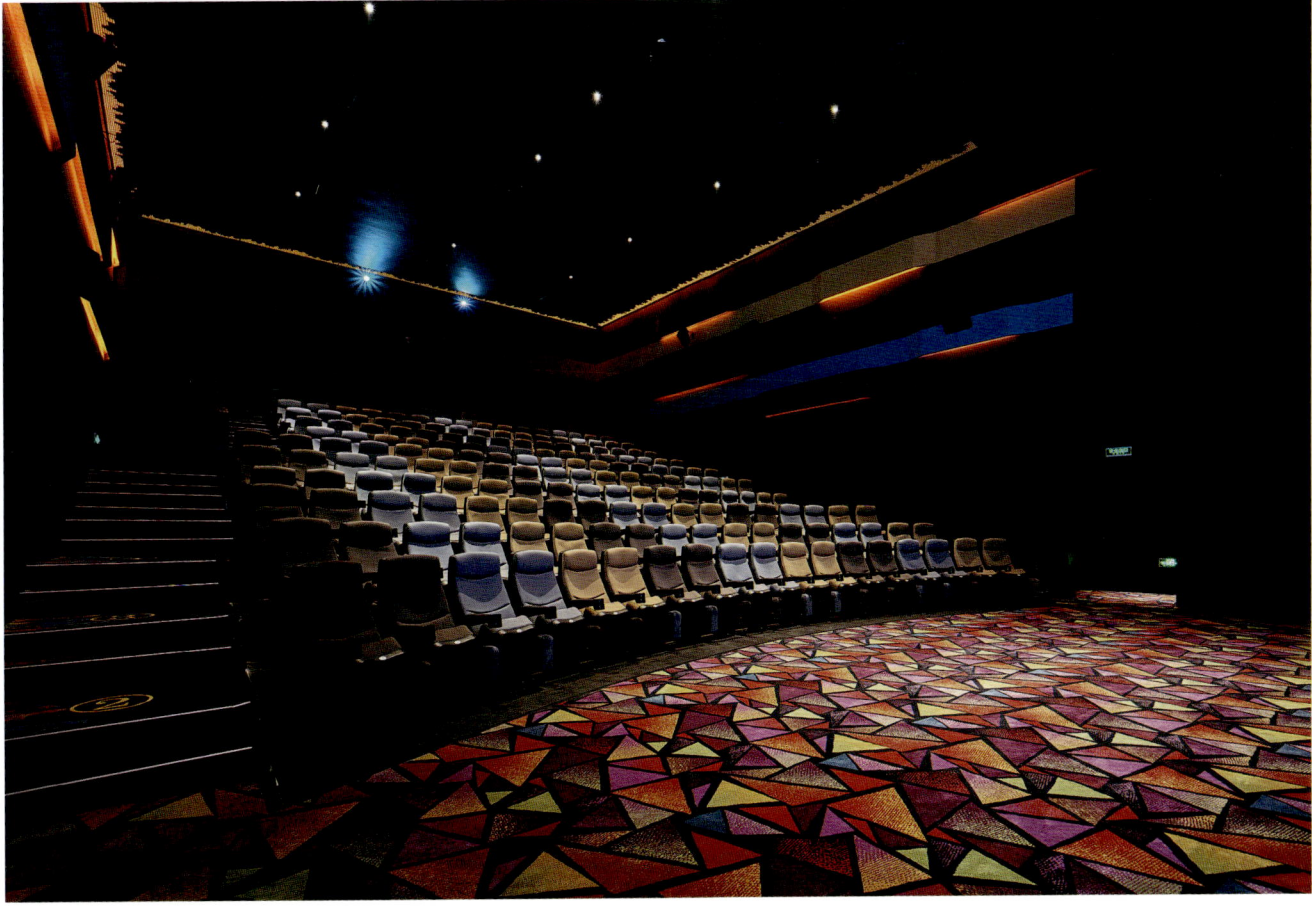

275

二、影院中的商业

金象时代影城是设计师心中的情怀和理想之田，它是"继往开来"之作。

"继"：20世纪90年代末，"礼堂电影"向"多厅影院"发展，开创"现代多厅影院"的设计、经营理念；

"往"：影院从萌芽期·胶片技术阶段、回归大厅·IMAX·3D·数字技术阶段、青春期·民间资本全面介入阶段至自由发展阶段；

"开"：在影院行业蓬勃发展的今日，遇到"瓶颈"，如何开拓？

"来"：金象时代影城从建筑前期规划定制到室内设计历时5年多，经过多版手稿方案研究，于2017年诞生。

影院承载着过去、现在和未来，亦为社会交流平台。当影院发展进入"瓶颈期"，需要反思和探究。当前，大部分影院设计在商业综合体内，为"商业中的电影"。但经过探究后，设计师认为影院自身即为"文化综合体"，有包容、多样之特点，可成为"影院中的商业"。

杭州九堡金象时代影城是"影院中的商业"的一次探究，萌发了全新的设计思维和经营理念：文化、商业、娱乐、工艺、艺术展陈……也能成为电影逻辑发展的空间。在影院中设置多元化体验空间，如艺展、艺术培训等，"与民同乐"，引导与发掘民众的审美感知力，带动大众文化消费。艺术引导生活，亦促生影院衍生品消费文化。

三、"反设计"

作为设计师的陈建游一直在颠覆、创新，思考什么是室内设计、景观设计、建筑设计、视觉导视、展陈设计、工艺艺术？它们之间有界限，有融合吗？

室内是"内建筑"，需设计师在建筑内部重新塑造一座"建筑"。实际上，建筑、景观、室内是人、事、物的体验融合，相互呼应、和谐统一。在室内设计中，设计师既可以"由外而内"地展开，由建筑外部开始探究内部构成，同时亦可"由内而外"审视外部建筑，两项设计思维并不冲突。无论是"由外而内"还是"由内而外"，都能够加深对室内与建筑关系的理解。此外，室内设计同样需要在整个区域中存在，即需要注重整体性。整个区域的概念类似一个"容器"，应以整体的思考审视整个"容器"。室内设计是建筑的延伸，且相对其他设计领域而言，时效性更短，作为设计师，前期应了解建筑的现有条件、被寄予的希望。室内设计在整个"容器"中，是可大可小的，但室内的专业延伸有限，优良的室内设计应该缩回其核心，也就是"装饰"，扮演好建筑配套的角色。

九堡金象时代影城是一次"反设计"。自然、自由、内外兼修为主题，统筹格局为指导。空间、立面以"人"为本，以"事"为上，以"物"叙情。天花中的钢管形态来自于影院施工人员的自由遐想，即焊接、组装、体验自主创作的施工方法；走廊墙壁中多元的色彩，来自于设计师统筹指导，现场施工人员共同调色的结果，充分体现了设计来源于民众回归于民众，是大众想法的融合。

"反设计"手法实质也是合五行之象，叙事物"本象""意象""再象"。影院内部充满了自然、自由的艺术设计与实施方式。金属是其中不可或缺的元素，既符合电影本身气质，又吻合"金生水"的传统理念，在灯光映衬下呈现漂浮、灵动、波光粼粼之效。地面则以"鱼"为形态，亦有"水的流动"之意。

金象时代影城是设计师本身参与投资的项目，同时作为"甲方""乙方"和"丙方"，要充分考虑多方立场，有所取舍，同时扮演好各方角色，既要考虑到作为甲方的经费预算、经营之道，亦要在有限的预算下赋予影城更多的可能性。

二十多年的设计生涯，陈建游经历炼烤、磨砺，他认为，设计需要集勇气、智慧、创作于一身。在考虑设计完美的同时，也要思考社会赋予设计师的责任。金象时代影城是设计师自己策划、规划、建筑、室内设计、经营的一个设计项目。一个设计师把行业、甲方、乙方统筹于一身，是一种矛盾，也是一种机遇与挑战。他说："一个行业愿得明君，亦得名士，再有勇士。……今日，我们将情怀倾注于金象时代影城……灭无数灯、点无数火；左右撑腰、上下求索；倾其所有，集于一身，终有顿悟。"陈建游二十多年的影院设计之路，是一条探寻、包容、贯通和颠覆之路，他不仅在影院设计上形成了多种风格，而且在影院商业模式上做出了突破性的探索，为设计推动社会文化创新提供了一种全新的思路。

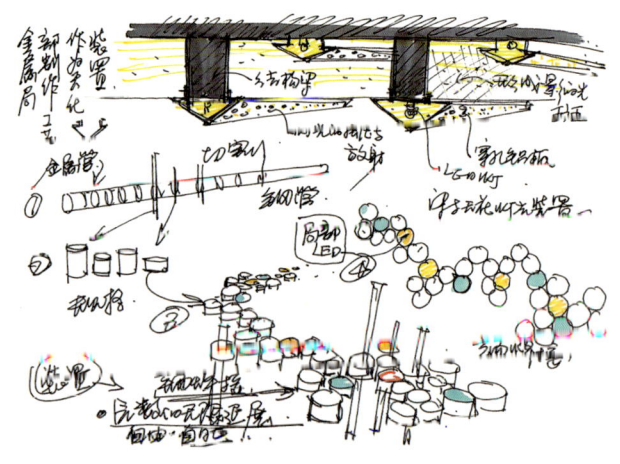

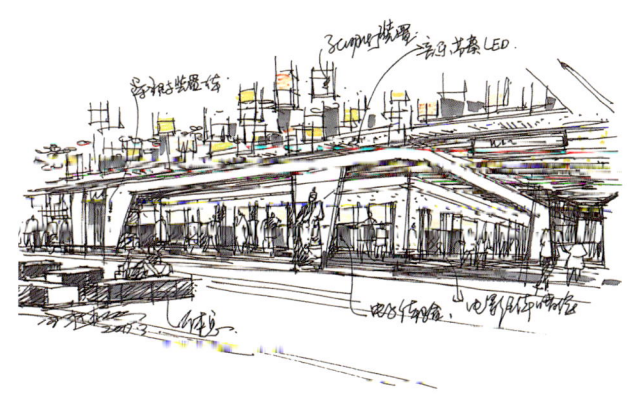